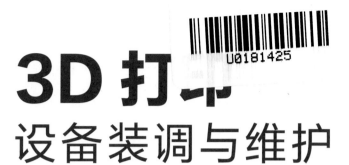

3D 打印
设备装调与维护

主　编　范庆丰
副主编　高金军

中国教育出版传媒集团
高等教育出版社·北京

内容简介

本书是校企合作教材，选取CANVBOT T600 Ⅱ型3D打印机、弘瑞E3型3D打印机为载体，介绍3D打印机的操作、组装、调试、维护和排除故障等内容。本书以任务驱动形式组织教学内容，真正做到学做合一、理实一体，具有较强的可读性和可操作性。

本书可作为增材制造技术应用等相关专业的教学用书，也可作为企业技术人员岗位培训用书。

图书在版编目（CIP）数据

3D打印设备装调与维护 / 范庆丰主编. -- 北京：高等教育出版社，2023.5

ISBN 978-7-04-060139-8

Ⅰ. ①3… Ⅱ. ①范… Ⅲ. ①快速成型技术-设备安装 ②快速成型技术-设备-调试方法 Ⅳ. ①TB4

中国国家版本馆CIP数据核字（2023）第036444号

3D打印设备装调与维护
3D Dayin Shebei Zhuangtiao yu Weihu

策划编辑 项 杨　　责任编辑 项 杨　　封面设计 王 洋　　版式设计 张 杰
责任绘图 邓 超　　责任校对 刘娟娟　　责任印制 赵 振

出版发行	高等教育出版社	网 址	http://www.hep.edu.cn
社 址	北京市西城区德外大街4号		http://www.hep.com.cn
邮政编码	100120	网上订购	http://www.hepmall.com.cn
印 刷	天津市银博印刷集团有限公司		http://www.hepmall.com
开 本	889mm×1194mm 1/16		http://www.hepmall.cn
印 张	8.25		
字 数	170千字	版 次	2023年5月 第1版
购书热线	010-58581118	印 次	2023年5月 第1次印刷
咨询电话	400-810-0598	定 价	31.60元

本书如有缺页、倒页、脱页等质量问题，请到所购图书销售部门联系调换

物 料 号 60139-00

前　言

3D打印技术又称增材制造技术，这项技术不仅正在改变企业的生产方式，还在改变产品的设计、运输和仓储方式。同时，3D打印的出现为产品创新的洪流打开了闸门。3D打印技术将给传统制造业带来颠覆性的变革，工业革命的第二次浪潮正在袭来。

2019年以来，教育部将增材制造技术应用作为装备制造大类新增专业，增材制造设备操作员也成为新增职业之一。如何使3D打印技术在中职学校落地生根，贯彻党的二十大报告指出的“推动制造业高端化、智能化、绿色化发展”“构建新一代信息技术、人工智能、生物技术、新能源、新材料、高端装备、绿色环保等一批新的增长引擎”精神，教材发挥着重要的作用。

本书是浙江省教育科学规划课题《基于智能制造的中职数控专业3D打印技术与应用人才培养的实践研究》的研究成果之一。以培养初级应用型人才（中职阶段）为目标，以行业企业需求为依据，以职业实践为主线，以核心能力培养为本位，坚持理实一体，做学合一。在编写中力求突出以下特色：

1. 逻辑性强、便于操作

本书在编排上逻辑性强，符合学生的学习规律，从认识3D打印实训室、了解桌面级3D打印设备出发，操作3D打印设备，对其有感性认识后，再进行组装、调试、维护和排除故障等学习。使用者完全可按书本内容进行操作，简单方便。

2. 精选载体、图文并茂

目前桌面级3D打印设备种类繁多，本书选用CANVBOT T600Ⅱ型3D打印机、弘瑞E3型3D打印机为载体，因为前者各组成部分都直观可见，尤其适合初学者，后者与多数3D打印设备结构类似，可作为前者的补充。本书采用图解教学方式，图文并茂地介绍了3D打印设备操作、组装、调试、维护和排除故障的步骤，操作过程和细节一目了然。

3. 对接标准、课证融通

本书参考增材制造设备操作与维护职业技能等级标准，将标准中的初级要求融入教学内容中，重视岗位职业能力培养和职业素养养成，使教学内容与证书要求有效对接。

本书建议教学总学时为36学时，各部分内容学时分配建议见下表。

序号	教学项目	建议学时
1	项目一　3D打印机认识	4
2	项目二　3D打印机操作	4
3	项目三　3D打印机组装	6
4	项目四　3D打印机调试	6
5	项目五　3D打印机维护	6
6	项目六　3D打印机排故	8
7	机动	2
合计		36

本书由杭州市萧山区第一中等职业学校范庆丰担任主编，杭州市萧山区第一中等职业学校高金军担任副主编，杭州市萧山区第一中等职业学校沈薇薇、袁石裕参与编写工作。本书编写过程中得到了杭州志杭科技有限公司汤飞、赵正平、洪柏杰等领导和技术人员的大力支持，也得到杭州市萧山区第一中等职业学校领导的支持和帮助，在此表示真挚感谢！

由于编者水平有限，书中难免存在不足和疏漏，衷心希望使用本书的师生提出宝贵的意见和建议。读者意见反馈邮箱：zz_dzyj@pub.hep.cn。

编　者

2022年11月

目 录

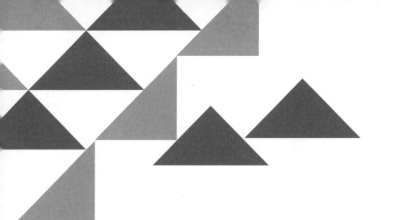

项目一

3D 打印机认识

■ 项目目标

□ 能说出 3D 打印实训室的功能、功能区。

□ 能说出 3D 打印实训室的规则。

□ 能说出 3D 打印主要设备的名称、型号。

□ 能说出桌面级 3D 打印机的种类、结构及主要参数。

□ 能判断桌面级 3D 打印机的坐标方向。

□ 激发学习 3D 打印技术的热情和建设制造强国的使命感。

■ 项目导入

3D打印技术出现在20世纪90年代中期，是利用光固化和纸层叠等工艺的快速成形技术。它的工作原理与普通打印基本相同，3D打印机内装有液体或粉末等打印材料，与计算机连接后，通过计算机控制打印材料一层层叠加起来，最终把计算机上的蓝图变成实物。世界上第一台3D打印机是由Charles（Chuck）Hull在1983年发明的，如图1-1所示。

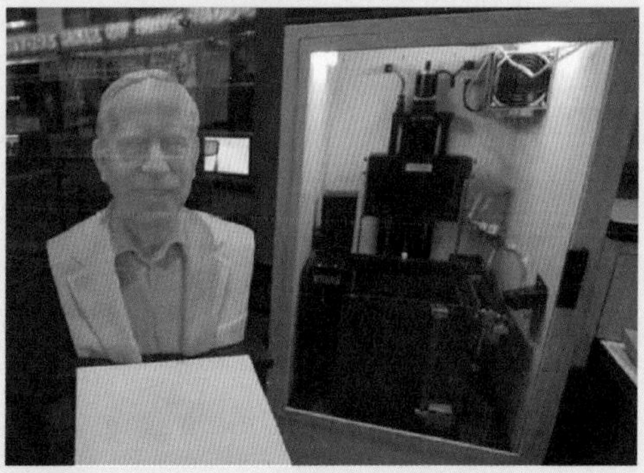

■ 图 1-1　Hull 半身像和他发明的 3D 打印机

本项目将从参观3D打印实训室开始，逐步了解3D打印机和3D打印作品，重点是认识桌面级3D打印机。

任务1　认识3D打印实训室

任务目标

1. 能简要复述3D打印的发展史。
2. 能说出3D打印实训室的功能、功能区。
3. 能说出3D打印实训室的规则。
4. 能说出3D打印主要设备的名称、型号及主要参数。
5. 激发学习3D打印技术的热情。

任务描述

通过完成本任务，了解3D打印发展史、3D打印实训室的不同功能区及使用规则，认识各种3D打印机及附件，以及各种各样的3D打印作品。

任务准备

1. 3D打印发展史

3D打印发展史可以追溯到19世纪末，因两次工业革命的影响，欧美国家的经济得到飞速发展，迫切需要新的生产技术，为满足科研探索和产品设计的需要，快速成形技术在这个时期开始萌芽。

1892年，Blanther首次在公开场合提出使用层叠成形方法制作地形图的构想。1940年，Perera提出的设想与Blanther不谋而合，他的设想是沿等高线轮廓切割硬纸板，再层叠成形制作三维地形图。

1972年，Matsubara在纸板层叠技术的基础上首先提出尝试使用光固化材料，用于传统工艺难以制作的曲面加工。1977年，Swainson提出可以通过激光选择性照射光敏材料的方法直接制造立体模型。

1981年，Kodama首次提出一套感光聚合物快速成形系统设计方案。1986年，Hull成立3D Systems公司，研发了STL文件格式，STL格式逐渐成为CAD/CAM系统接口文件格式的工业标准。1988年，3D Systems公司推出世界上第一台基于光固化成形技术的商用3D打印机SLA-250，它采用STL文件格式，它的面世标志着3D打印商业化的起步。

1992年，Stratasys公司推出第一台基于熔丝沉积成形（FDM）技术的3D打印机，这标志着FDM技术步入商用阶段。1993年，美国麻省理工学院的Sachs发明了三维打印（3DP）技术；1996年，3D Systems公司、Stratasys公司和Z Corporation公司各自推出新一代的快速成形设备Actus2100、Genisys和Z402，此后快速成形技术便被称为3D打印。

2002年，Stratasys公司推出Dimension系列桌面级3D打印机，它主要基于FDM技术，以ABS塑料为成形材料。2008年，第一款开源桌面级3D打印机发布，它为新一轮3D打印浪潮带来契机。

2. 常见的3D打印技术

3D打印经过多年的发展，很多新型技术不断问世，其中最具代表性的是熔丝沉积成形（FDM）技术、陶瓷膏体光固化成形（SLA）技术、连续液相界面固化（CLIP）技术和激光选区烧结（SLS）技术。

（1）熔丝沉积成形（FDM）技术

FDM技术的工作原理是将热塑性聚合物通过加热的喷嘴挤出并将其层层堆积在3D打印平台上最终构建出立体模型。FDM 3D打印机（图1–2）造价低，适合于个人或者中小企业。

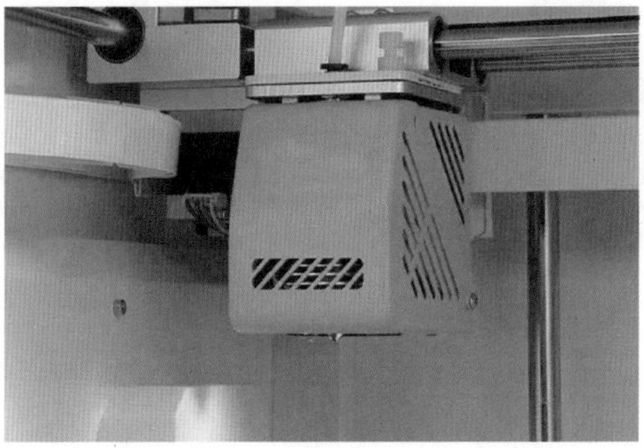

■ 图1–2　FDM 3D打印机

■ 图1–3　SLA 3D打印机

FDM 3D打印机使用的打印材料是生活中常见的ABS（丙烯腈–丁二烯–苯乙烯）塑料、PLA（聚乳酸）和尼龙（聚酰胺），也可以使用由混合粉末材料（如尼龙掺杂短切碳纤维或木屑等）制成的线材来增强模型特性。

（2）陶瓷膏体光固化成形（SLA）技术

SLA技术是20世纪80年代出现的3D打印技术之一。它的原理非常简单：首先将近紫外激光束聚焦在液体光聚合物树脂薄层上，并快速绘制设计的平面部分；然后拉高液面打印下一层平面，逐层打印形成3D模型；最后清理模型表面的树脂材料，并移除支撑结构。图1–3所示为SLA 3D打印机。

（3）连续液相界面固化（CLIP）技术

CLIP技术通过在液体树脂下方投射由数字光投影仪产生的连续UV图像，通过透氧的UV透明液面来工作，如图1–4所示。它在液面上方形成一个死区，将固化部分从树脂中抽出，在死区区间固化成形。这种3D打印技术于2014年首次推出，随后由Carbon 3D公司开始商业化。

利用CLIP技术可以打印具有高力学性能的零件。这些零件与利用SLA技术打印的零件同样精确，并且由于其特殊工艺，相比SLA技术更加节省时间。

（4）激光选区烧结（SLS）技术

SLS技术是采用铺料辊将一层粉末材料平铺在已成形部分的表面上，并加热至低于该粉末熔点的某一温度，控制系统控制激光束按照该层的截面轮廓在粉末上扫描，使粉末的温度升至熔点进行烧结，并与下面已成形的部分实现黏结。当一层截面烧结完成后，工作台下降一个层的厚度，铺料辊又在上面铺一层均匀密实的粉末，进行新一层截面的烧结，直至完成整个模型，如图1–5所示。

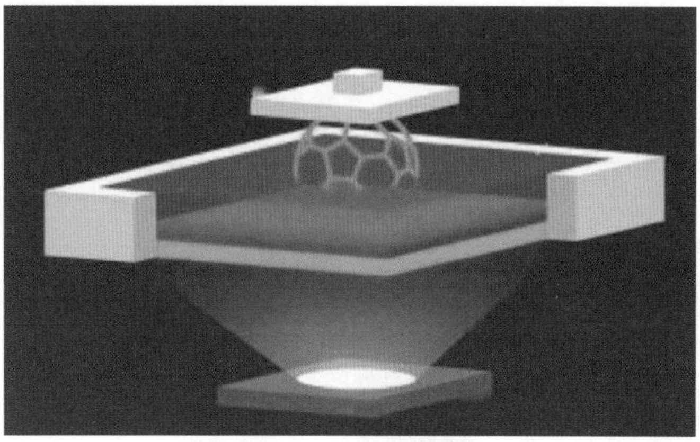

■ 图 1–4　CLIP 技术

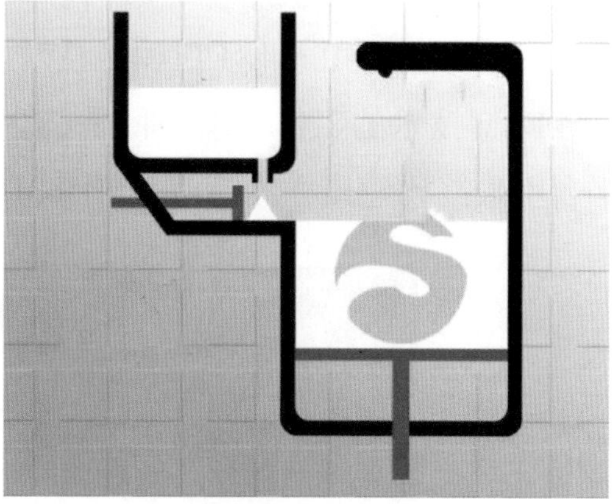

■ 图 1–5　SLS 技术

相比于前三种技术，SLS技术不需要支撑结构，因为其粉末材料可充当自支撑材料，可以用来构造复杂的几何形状。然而，SLS 3D打印机的成本比较高，这是它主要用于工业领域生产的原因。

3. 3D打印机

3D打印机又称三维打印机，是一种利用快速成形技术的机器，它以数字模型文件为基础，运用特殊蜡材、粉末状金属或塑料等可黏合材料，通过打印一层层的黏合材料来制造三维物体。

3D打印机与传统打印机最大的区别在于它不是使用“墨水”打印，而是使用塑料、金属、陶瓷及橡胶等材料打印。有些3D打印机还能同时使用不同材料进行打印，可以得到一端坚硬而另一端柔软的模型。

任务实施

1. 认识3D打印实训室

走进3D打印实训室，在教师的指导下完成表1–1中的任务。

表 1-1　认识 3D 打印实训室

<table>
<tr><th>序号</th><th>内容</th><th>图示</th></tr>
<tr><td>1</td><td>记录3D打印实训室的名称</td><td>
</td></tr>
<tr><td>2</td><td>记录3D打印实训室的功能</td><td>
</td></tr>
<tr><td>3</td><td>记录3D打印实训室的规则</td><td>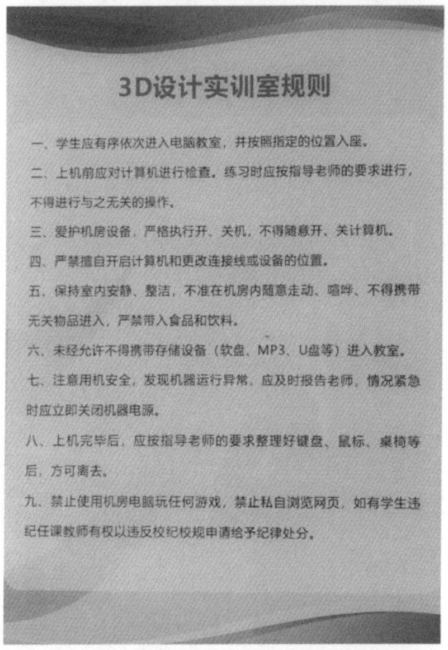
</td></tr>
<tr><td>4</td><td>记录3D打印实训室的功能区数量和名称，以及每个功能区的作用和设备设施</td><td></td></tr>
</table>

2. 认识3D打印设备和作品

初步认识3D打印实训室后，在教师的指导下完成表1-2中的任务。

表 1-2　认识 3D 打印设备和作品

序号	内容	图示
1	记录3D打印设备的名称、型号及数量	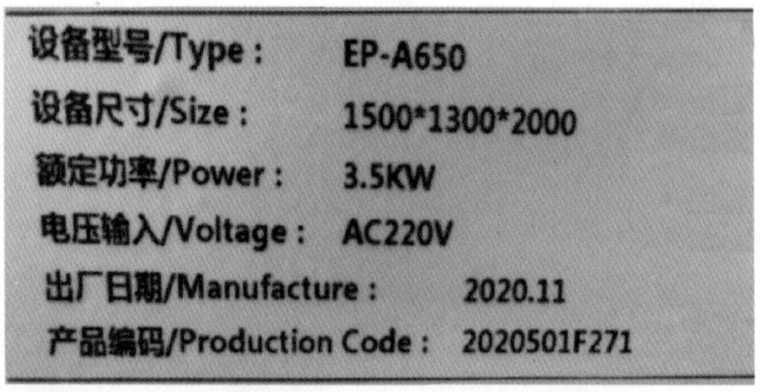
2	认识3D打印设备的结构、组成及功能	
3	查看3D打印设备使用的配套切片软件	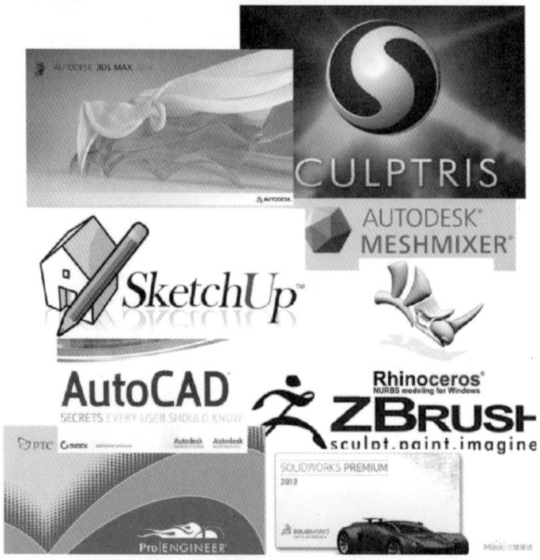
4	参观3D打印作品	

续表

序号	内容	图示
5	记录3D打印作品所用的材料	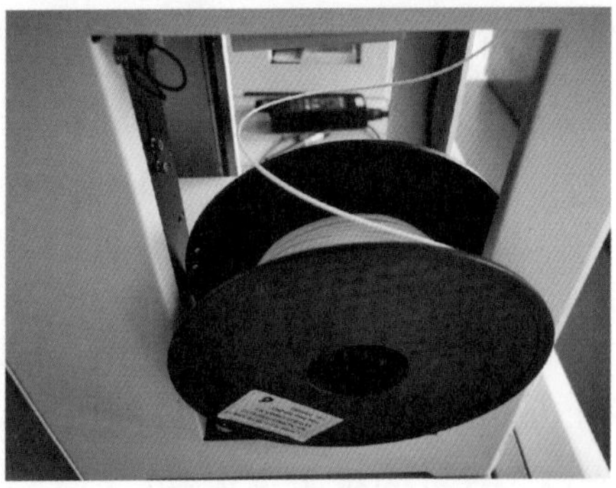

任务评价

对本任务的完成过程按表1–3中的要求进行自我评价，并写出完成本任务后的收获与体会。

表1–3　任务评价表

序号	评价内容	自我评价
1	能说出3D打印实训室的名称、功能	□完成　□未完成
2	能说出3D打印实训室的规则	□完成　□未完成
3	能说出3D打印实训室的功能区	□完成　□未完成
4	能说出3D打印设备的名称、型号等	□完成　□未完成
完成本任务后，你有哪些收获与体会？		

任务拓展

参观学校以外的3D打印实训室，列举三种以上3D打印设备并用照片记录，在查阅相关资料的基础上写出设备说明。

任务2　认识桌面级3D打印机

任务目标

1. 知道桌面级3D打印机的定义。

2. 能说出桌面级3D打印机的种类。

3. 知道桌面级3D打印机的结构。

4. 能判断桌面级3D打印机的坐标方向。

5. 能说出3D打印机的主要参数。

6. 激发学习3D打印技术的热情和建设制造强国的使命感。

任务描述

本任务是了解桌面级3D打印机的定义、种类、常见结构，桌面级3D打印机坐标方向的判断方法及3D打印机主要参数。

任务准备

桌面级3D打印机是指能放置在桌面上的小型3D打印机，这种打印机具备操作简单、便捷的优点，通常采用FDM技术、SLA技术、DLP技术等。

目前，桌面级3D打印机按照结构可以分为笛卡儿式（俗称*XYZ*轴式）打印机和并联臂式（俗称三角洲式）打印机两种。一般来说，笛卡儿式打印机的打印精度更高，但是打印花费的时间更长；并联臂式打印机的打印速度更快，但精度不及笛卡儿式打印机。

笛卡儿式打印机是目前市场上使用最为普遍的机型，也是发展较为成熟的机型。笛卡儿式打印机将机械运动的方向分为3个相互垂直的方向，分别记为*X*轴、*Y*轴和*Z*轴。要使打印机能在3个方向独立运动，就至少需要3个独立电动机，每个电动机分别带动喷嘴运动。在打印过程中，模型随着热床的前后运动而运动，*Z*轴和*Y*轴电动机则负责控制挤出机随着打印层次的需要上下和左右运动。

笛卡儿式打印机工作时，*X*轴、*Y*轴、*Z*轴计算量较小，结构比较简单，组装及维修都较方便，因此很适合初学者。但其对硬件要求比较高，在3D打印兴起的初期，这些要求没有办法被很好地满足。

并联臂式打印机的优点在于降低了对硬件的要求，其数学原理实际上与笛卡儿式打印机相同。并联臂式打印机通过三角函数将*X*轴、*Y*轴的坐标映射到三个垂直于桌面（水平面）的轴上去，通过三个轴的运动来达到移动喷嘴的目的。

笛卡儿式打印机，如弘瑞E3型3D打印机，如图1-6所示。并联臂式打印机，如CANVBOT T600 Ⅱ型3D打印机，如图1-7所示。这两款3D打印机外形小巧，结构简单，打印质量稳定，使用、维护方便，本任务主要介绍这两款打印机坐标方向的判断方法、主要结构及相应的功能。

■ 图 1-6　弘瑞 E3 型 3D 打印机

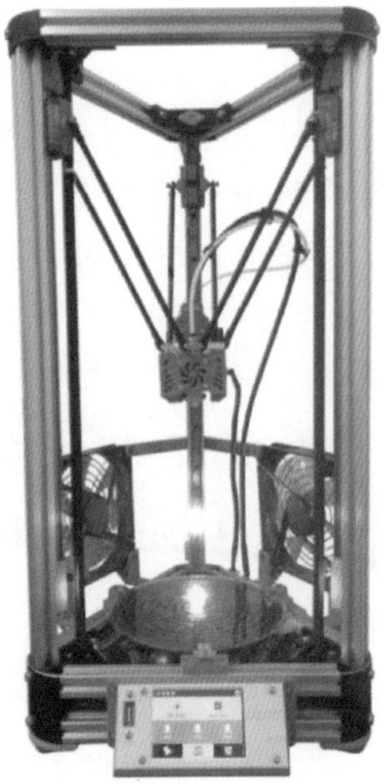

■ 图 1-7　CANVBOT T600 Ⅱ型 3D 打印机

弘瑞E3型3D打印机带有显示器的一面为打印机的正面，操作者面对打印机正面，左右方向为X轴方向，喷头向右移动为“+”，向左移动为“–”；前后方向为Y轴方向，喷头向后移动为“+”，向前移动为“–”；上下方向为Z轴方向，喷头向上移动为“+”，向下移动为“–”。坐标方向如图1–8所示。

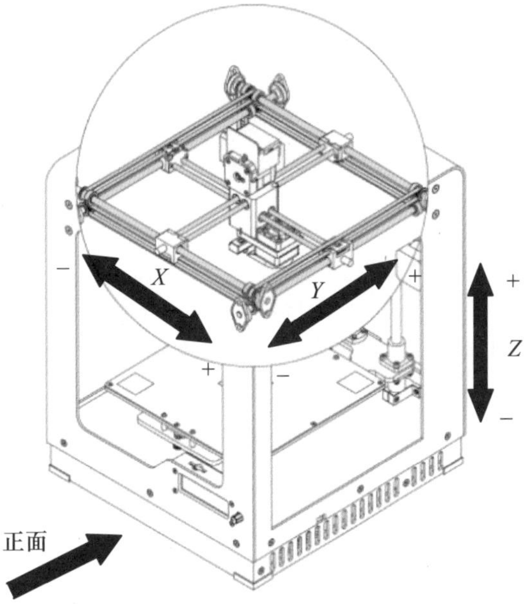

■ 图 1–8　坐标方向

CANVBOT T600 Ⅱ型3D打印机的坐标轴依然以笛卡儿坐标系为运算基础，依靠X轴、Y轴、Z轴电动机转动通过三角函数运算实现喷头在各方向的运动。

任务实施

1. 认识弘瑞E3型3D打印机主要参数

弘瑞E3型3D打印机主要参数见表1–4，这些参数决定了打印机的综合性能和质量，不同品牌打印机所用的电子元件及传动系统不同，所以性能也不同。

提示

全面了解3D打印设备的参数和规格，对于正确操作、维护3D打印设备尤为重要。在3D打印技术竞赛技术文件中，也会提供3D打印设备基本配置的说明。

表1–4 弘瑞E3型3D打印机主要参数

序号	参数名称	规格	说明
1	喷嘴直径	0.4 mm（常用）或0.2 mm	喷嘴直径越大，打印一层喷出的材料就越粗，打印的层次越少，喷头的移动次数就会越少；喷嘴直径越小，模型表面的纹理越精细。通常打印机型号越大，喷嘴直径也会越大
2	喷头数量	1个	3D打印机有单喷头、双喷头和多喷头等多种，弘瑞E3型3D打印机是单喷头打印机
3	打印平台加热温度	常温~85 ℃	打印平台是3D打印机的核心部件之一，当用PLA和ABS材料打印时，使用热床功能可以防止打印过程中因材料冷却引起的模型翘边，保证打印质量。常用热床有聚酰亚胺加热片、加热棒和铝板加热、PCB热床三种，目前PCB热床最常用，它通过电阻热效应来加热
4	最大成形尺寸	300 mm × 260 mm × 300 mm	最大成形尺寸是指3D打印机所能打印的模型的最大尺寸。成形尺寸越大，机器尺寸也越大，对打印机的性能要求也越高
5	机器外形尺寸（长 × 宽 × 高）	500 mm × 510 mm × 1 285 mm	
6	*X*轴、*Y*轴定位精度	0.01 mm	3D打印机定位精度是指喷嘴移动实际值与标准值的差距，差距越小，精度越高。*X*轴、*Y*轴（喷嘴）依靠步进电动机带动同步带实现移动
7	*Z*轴定位精度	0.002 5 mm	*Z*轴（打印平台）依靠步进电动机带动丝杠转动实现上下移动。弘瑞E3型3D打印机采用精度较高的滚珠丝杠，因此有较高的定位精度
8	额定功率	350 W	额定功率是指3D打印机正常工作时所要求的功率，包括电气元件工作、电动机工作、热床元件工作、喷嘴发热等所消耗的功率
9	喷头（喷嘴）温度	常温~260 ℃	喷头依靠加热棒加热，通过热传导熔化材料，不同材料的熔点不同，因此喷头加热温度范围较大
10	打印速度	10~150 mm/s	打印速度是指喷嘴和打印平台的移动速度。移动速度越快，打印效率越高，但也需要其他部件配合

续表

序号	参数名称	规格	说明
11	打印层高精度	0.05~0.4 mm	打印层高精度是判断打印质量的重要指标。精度越高，打印件越精细，所需要的打印时间也越长
12	打印平台材质	玻璃	打印平台材质由生产企业设计，目前玻璃较为常用

2. 认识弘瑞E3型3D打印机的结构

弘瑞E3型3D打印机主要由传动系统、打印头集成系统和电控系统三部分组成。传动系统主要控制打印头移动及打印平台升降，让喷嘴和打印平台实现相对运动从而完成打印。传动系统精度直接影响打印件的质量及打印效率。弘瑞E3型3D打印机传动系统如图1–9所示。传动系统主要由步进电动机、丝杠、光杠、滑块、同步带、同步带轮等组成。打印头集成系统中最重要的是打印头（图1–10），它主要包括送丝部分、散热部分及喷嘴等。送丝部分如图1–11所示，送丝电动机带动齿形送丝轮转动，U形压轮在弹簧力的作用下，与齿形送丝轮配合实现送丝或退丝操作。

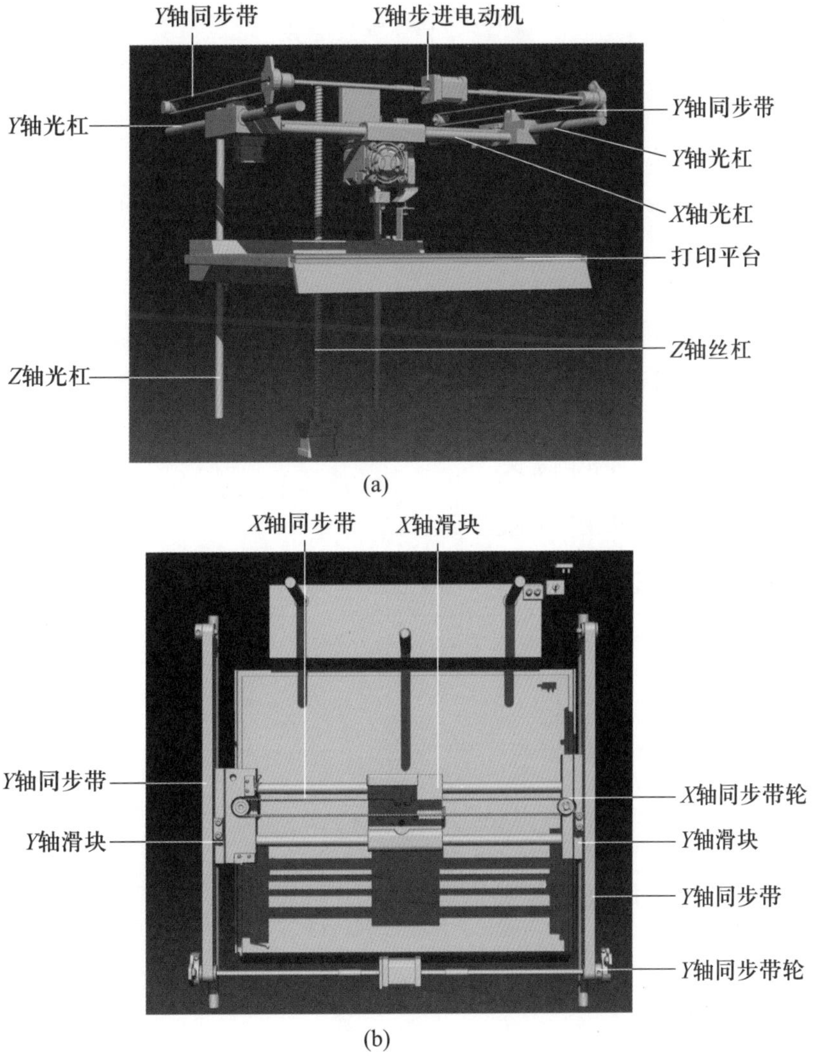

■ 图1–9　弘瑞E3型3D打印机传动系统

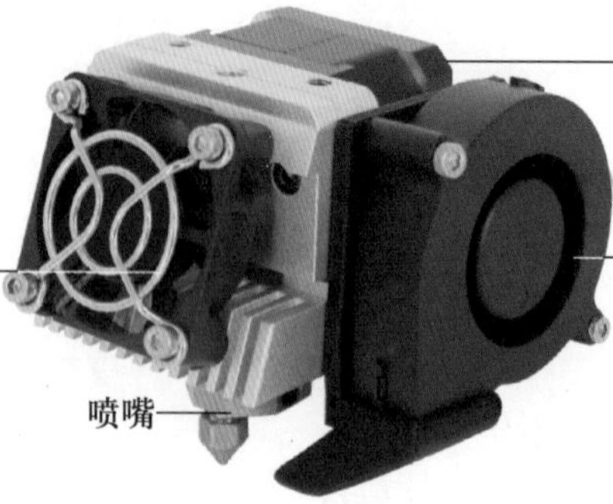

■ 图 1-10　打印头

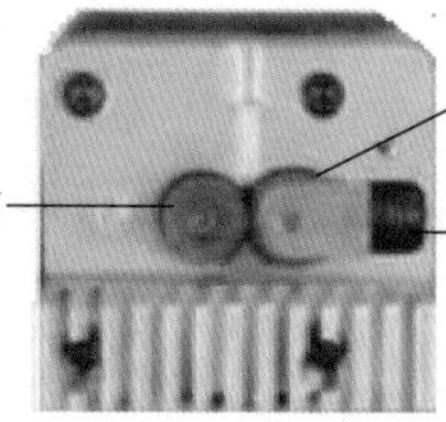

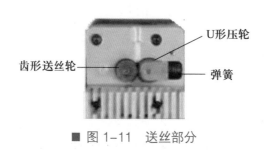

■ 图 1-11　送丝部分

任务评价

对本任务的完成过程按表1-5中的要求进行自我评价，并写出完成本任务后的收获与体会。

表 1-5　任务评价表

序号	评价内容	自我评价
1	能说出桌面级3D打印机的定义	□完成　□未完成
2	能对桌面级3D打印机坐标方向进行判断	□完成　□未完成
3	知道3D打印机主要参数	□完成　□未完成
完成本任务后，你有哪些收获与体会？		

任务拓展

3D打印机的种类很多，请查阅相关资料，列举两种以上3D打印机，并制作一份该设备的简易说明书。

项目小结

本项目包含“认识3D打印实训室”及“认识桌面级3D打印机”两个任务。

在“认识3D打印实训室”任务中，通过参观3D打印实训室，对3D打印实训室的功能及功能区、3D打印实训室的规则、3D打印主要设备的名称及型号等有了初步认识。

在“认识桌面级3D打印机”任务中，对桌面级3D打印机的定义、种类、常见结构，桌面级3D打印机坐标方向的判断方法，3D打印机的主要参数等有了简单了解。

思考与练习

1. 3D打印实训室一般有哪些功能区?
2. 3D打印实训室的规则有哪些?
3. 常见桌面级3D打印机有哪些?
4. 如何判断桌面级3D打印机的坐标方向?

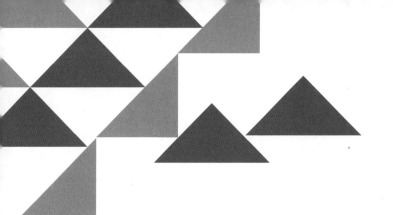

项目二

3D 打印机操作

■ 项目目标

- □ 会正确连接 3D 打印机的电源。
- □ 能说出 LCD 信息显示界面中各图标的含义。
- □ 会利用 LCD 信息显示界面进行打印操作。
- □ 会对模型进行切片处理。
- □ 能独立操作 3D 打印机打印物体。
- □ 养成规范操作、爱护 3D 打印设备的良好习惯。

■ 项目导入

在参观3D打印实训室，知道3D打印发展史和3D打印工作原理，认识桌面级3D打印机后，接下来将学习如何操作桌面级3D打印机打印物体，如图2-1所示。

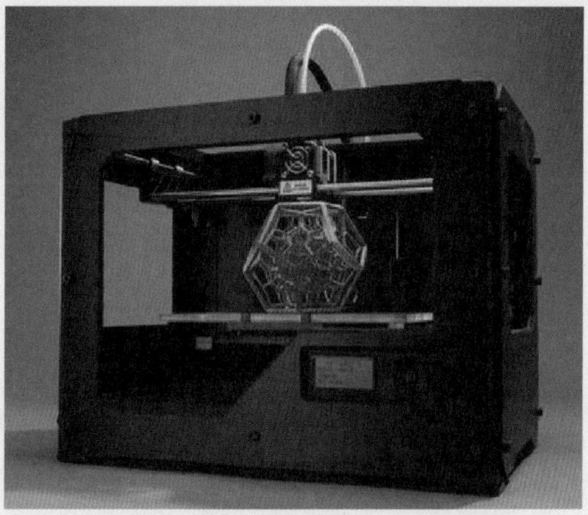

■ 图 2-1　3D 打印机正在打印物体

本项目将介绍3D打印之前要完成的准备工作、3D打印的具体步骤，重点学习切片软件的使用方法。

任务1　做好打印准备

任务目标

1. 会正确连接3D打印机的电源。
2. 能说出LCD信息显示界面中各图标的含义。
3. 会利用LCD信息显示界面进行打印操作。
4. 养成规范操作、爱护3D打印设备的良好习惯。

任务描述

通过完成本任务，初步掌握3D打印前的准备工作：能为3D打印机接通电源，在认识LCD信息显示界面中各图标的基础上进行打印操作。

任务准备

1. 电源适配器

电源适配器（图2–2）又称外置电源，是小型便携式电子设备及电子电器的供电电源变换设备，一般由外壳、变压器、电感、电容、控制IC、PCB板等元器件组成。它将交流输入转变为直流输出，常用于手机、液晶显示器和笔记本电脑等电子产品。

■ 图2–2　电源适配器

电源适配器的标签上主要包括以下内容：

（1）电源适配器的型号　它包括厂商、主要参数等信息。如型号XVE–120100，XVE表示企业代号，120100说明这个电源适配器是12 V、1 A的，若为050200，则表示是5 V、2 A的。

（2）电源适配器INPUT（输入）端　在中国通用的一般是AC100 ~ 240 V，50 ~ 60 Hz，说明该电源适配器可以在100 ~ 240 V的交流电压下正常工作。

（3）电源适配器OUTPUT（输出）端　DC12 V、1 A表示额定电压为12 V的直流电，最高电流为1 A。通过这两个数字可以算出电源适配器的功率，$P=UI=12\ \text{V} \times 1\ \text{A}=12\ \text{W}$。

2. LCD信息显示界面中的图标

LCD信息显示界面中有各种不同的图标，见表2–1。

表 2-1　LCD 信息显示界面中各图标的名称及功能

序号	名称	图标	功能
1	喷头温度图标	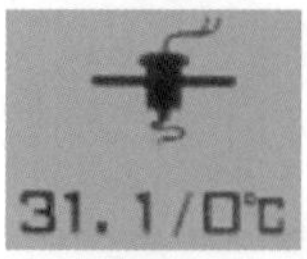	显示喷头的实时温度和设定温度
2	热床温度图标		显示热床的实时温度和设定温度
3	喷头位置图标	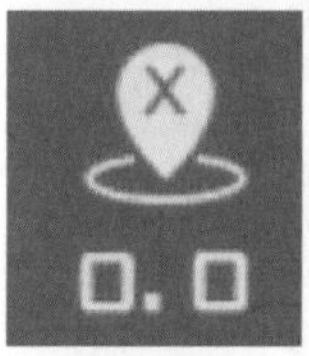	显示喷头的X、Y、Z坐标位置
4	设置菜单图标		设置打印机机型、电动机、温度及系统
5	打印文件选择菜单图标		从U盘、计算机、SD卡中选择打印的切片文件模型
6	调节菜单图标		控制打印机运动
7	回原点图标		控制打印头X、Y、Z坐标回归原点
8	移动控制图标		控制打印头X、Y、Z坐标移动
9	电动机锁定图标		打开时，打印头可手动移动位置；锁定时，无法手动移动打印头
10	灯光控制图标		控制打印机灯光开、关及亮度

续表

序号	名称	图标	功能
11	调平控制图标		控制喷头与热床平台的距离
12	预热设置图标		设置PLA、ABS等不同材料喷头及热床温度
13	更换打印耗材图标		载入材料和卸载材料
14	退出图标		退出3D打印机控制界面

任务实施

提示

通过完成本任务，达到增材制造设备操作与维护职业技能等级（初级）的以下要求：（1）能正确开机、关机，使设备达到初始使用状态；（2）能按设备操作规程操作设备进行打印；（3）能理解设备显示参数的含义，并通过参数了解设备打印状态。

1. 接通3D打印机电源

在操作3D打印机之前要先接通3D打印机电源，操作步骤见表2–2。

表2–2 操 作 步 骤

步骤	操作内容	操作图示
1	将电源线插入电源适配器	

续表

步骤	操作内容	操作图示
2	连接电源适配器与3D打印机	
3	将电源适配器插头插入220 V电源插座	
4	闭合3D打印机电源开关	
5	开启3D打印机，屏幕点亮	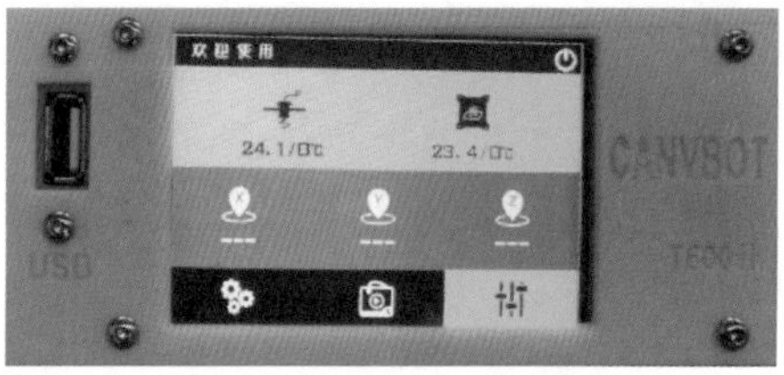

2. 利用LCD信息显示界面进行打印操作

操作3D打印机打印作品，主要利用LCD信息显示界面中的各种图标，操作步骤见表2–3。

表2-3 操作步骤

步骤	操作内容	操作图示
1	开机，进入信息显示界面	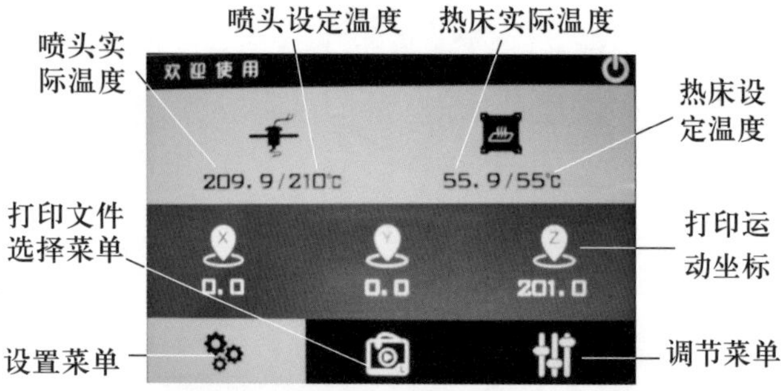
2	按“设置菜单”图标，选择“Delta机型”	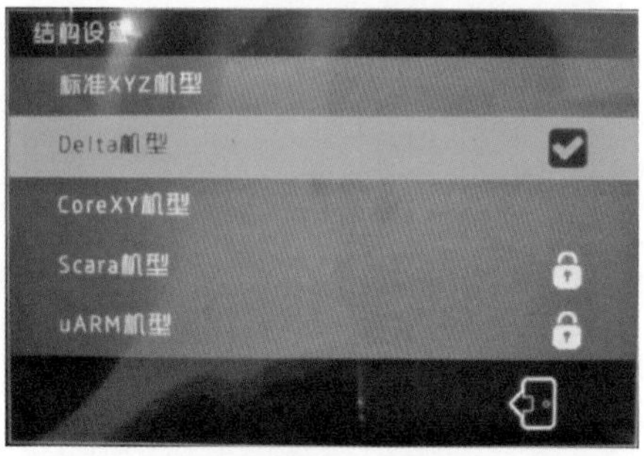
3	按“调节菜单”图标，打开“控制打印机”界面，选择打印头回原点	
4	选择冷却风扇，检查风扇运行情况	
5	按“调平控制”图标，打开“调平控制”界面，检查打印平台是否调平	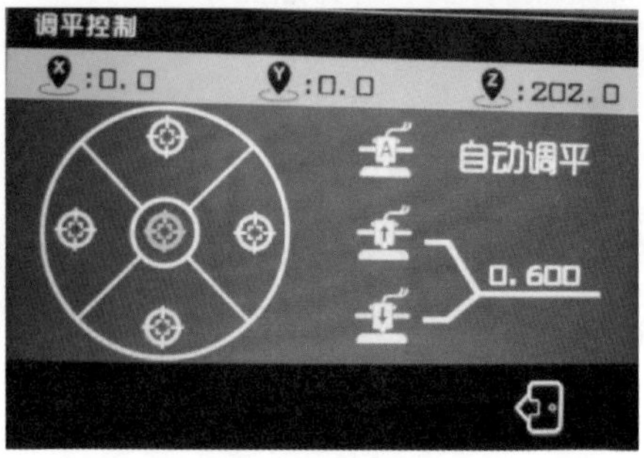

续表

步骤	操作内容	操作图示
6	按“更换打印耗材”图标，选择更换打印耗材，检查出丝情况	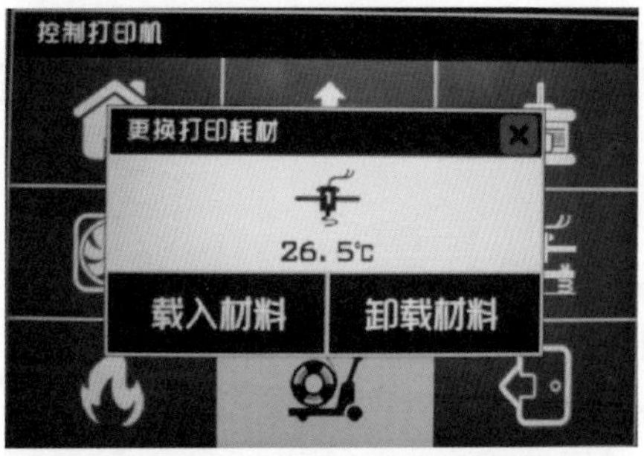
7	从U盘中选择打印模型文件，开始打印模型	

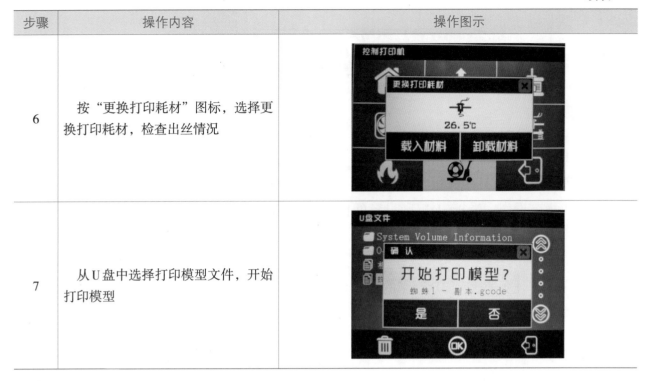

任务评价

对本任务的完成过程按表2-4中的要求进行自我评价，并写出完成本任务后的收获与体会。

表2-4　任务评价表

序号	评价内容	自我评价
1	能正确连接3D打印机的电源	□完成　□未完成
2	能正常开启电源	□完成　□未完成
3	能认识LCD信息显示界面中各图标的含义	□完成　□未完成
4	能利用LCD信息显示界面进行打印操作	□完成　□未完成
完成本任务后，你有哪些收获与体会？		

任务拓展

开始打印之前要做的准备工作除了任务实施中的内容外，还有准备合适的打印表面、设置正确的Z轴高度等，请查阅相关资料，进一步完善打印前的准备工作。

任务2　使用Cura切片软件打印

任务目标

1. 会正确对模型进行切片处理。
2. 能独立操作3D打印机打印模型。
3. 养成规范操作、爱护3D打印设备的良好习惯。

任务描述

通过完成本任务，知道3D打印的切片原理，了解3D打印的切片种类，会对模型进行切片处理，能利用3D打印机打印模型。

任务准备

切片软件是一种3D软件，它可以根据用户的设置将STL等格式的模型进行水平切割，从而得到一个个的平面图，并计算打印机需要消耗的材料及时间，将这些信息统一存入GCode文件中，并发送到用户的3D打印机中完成打印。常见的切片软件有以下几种。

（1）Slic3r　一款开源的3D切片软件，如图2-3所示。可以显示多个视图，以便用户更好地预览3D模型。它的优点是切片非常迅速，能方便地进行各项切片设置，包括3D预览、预览刀具路径及3D蜂窝状填充；缺点是切片完成后没有打印时间和材料的预估。

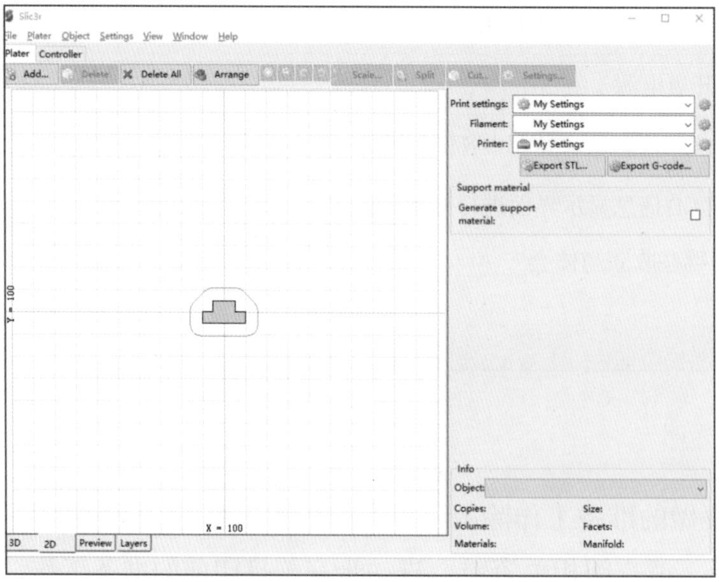

■ 图2-3　Slic3r切片软件

（2）Cura　可以兼容不同类型、不同型号的3D打印机，既可以切片，也有3D打印机控制界面，如图2-4所示。它的优点是基本模式界面简洁（基本模式只能看到常用功能），适用于初学者；它有超过200项参数可设置，且各项设置方便快捷，也可以快速处理大型STL文件；缺点是虽然有模型打印时间预估，但预估时间与实际时间有10%~20%的偏差。

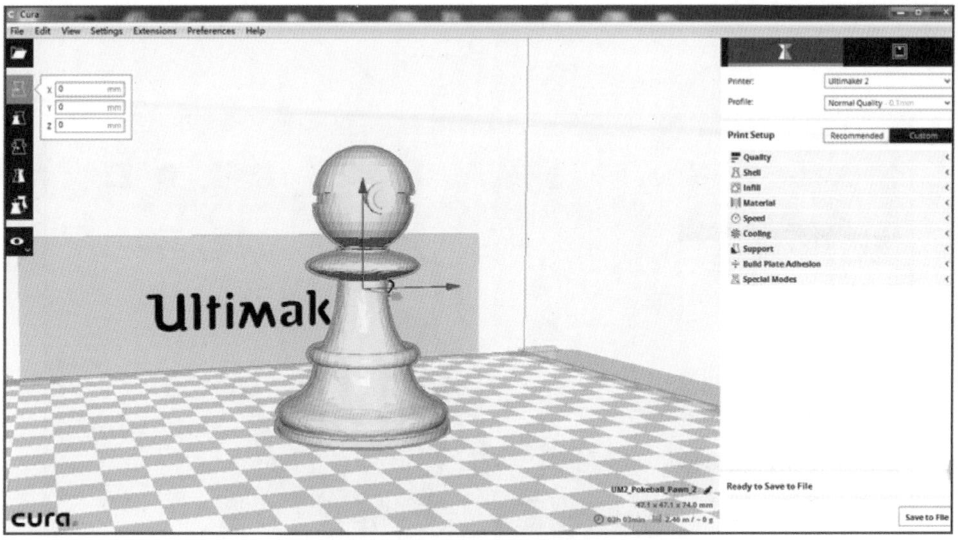

■ 图2-4　Cura切片软件

（3）Simplify3D　一款专业3D切片软件，如图2-5所示。它的优点是支持几乎所有的3D打印机，切片参数很多，有非常出色的可编辑性。

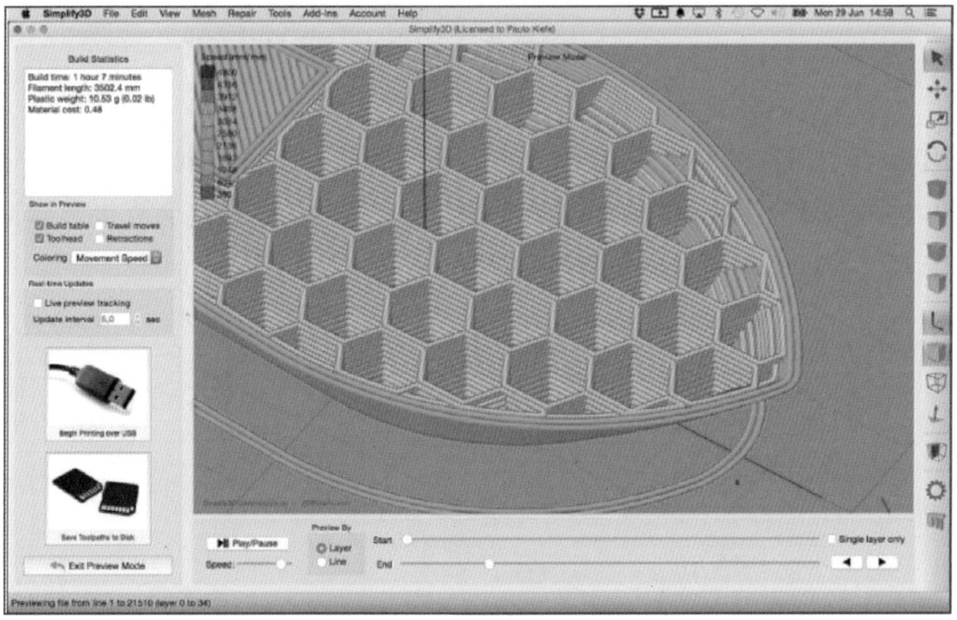

■ 图2-5　Simplify3D切片软件

（4）HORI 3D打印软件系统　我国自主研发的一款切片软件，如图2-6所示。它的优点是支持二进一出模式，能够实现混色打印和渐变过渡色打印；支持手动切割，且切割后的模型能够分别独立保存，或整体一起保存，有“手动添加支撑”和“自动添加支撑”两种，手动支撑在某些时刻能发挥重要作用；切片程序采用多线程并行，充分发挥计算机多核CPU性能；能自动把接缝藏在向内凹的角里，将接缝的影响降到最低；对于模型上很多细长的区域，可使用智能路径算法。它的缺点是打印材料只有ABS和PLA可选，并且不提供风扇选项。

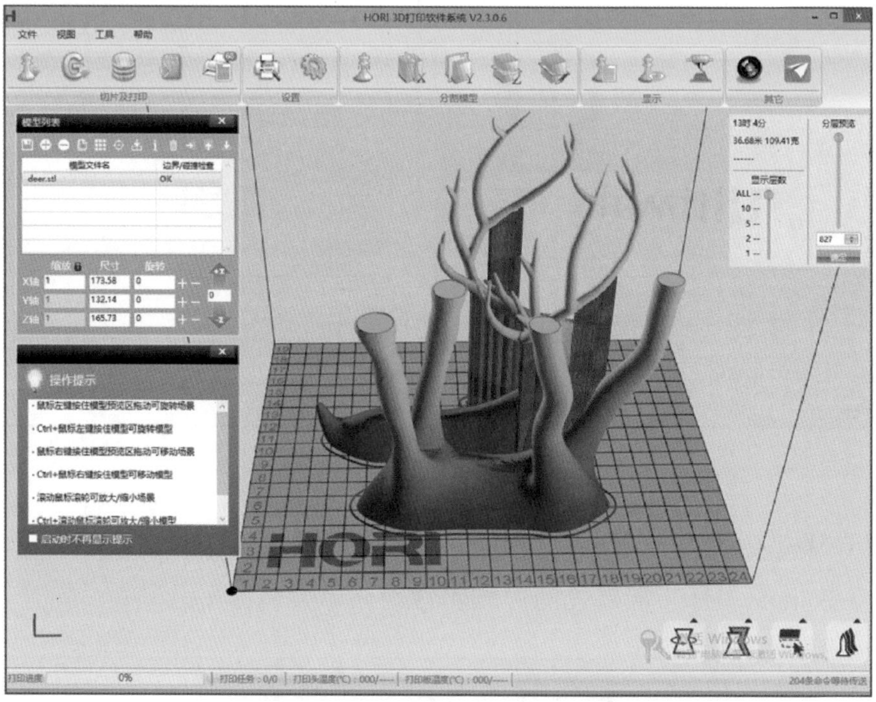

■ 图 2-6　HORI 3D 打印软件系统

切片操作相当于预先将3D模型进行从底部至顶部的横向“切割”分层，并且按照序号逐一记录每一层的平面（X轴和Y轴）模型分布信息，这些信息最终会直接影响3D打印模型的质量，包括尺寸精度、表面粗糙度及强度等。

任务实施

> **提示**
>
> 通过完成本任务，达到增材制造设备操作与维护职业技能等级（初级）的以下要求：能完成三维模型数据前处理、数据转化及打印工艺参数设置。

1. Cura 切片软件安装及启动设置

Cura 切片软件安装及启动设置操作步骤见表2-5。

表 2-5　Cura 切片软件安装及启动设置操作步骤

<table>
<tr><th>步骤</th><th>操作内容</th><th>操作图示</th></tr>
<tr><td>1</td><td>双击 Cura安装文件图标，选择安装的目标位置，单击“Next”进入下一步</td><td>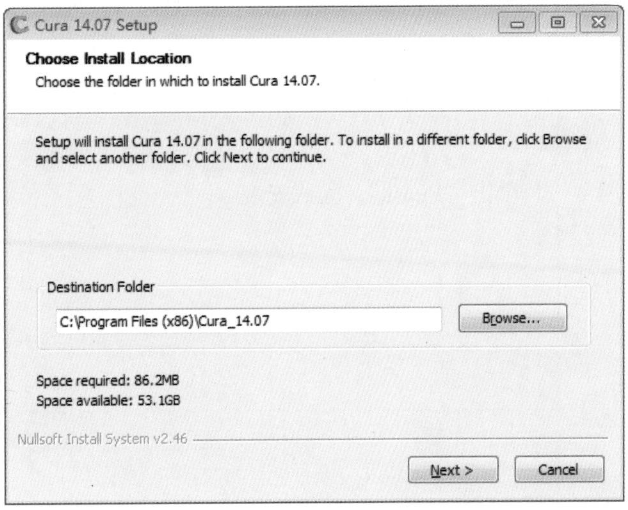
</td></tr>
<tr><td>2</td><td>选择需要安装的功能，STL、OBJ 和 AMF 是三种 3D 模型格式，一般选择默认设置，单击“Install”进行安装</td><td>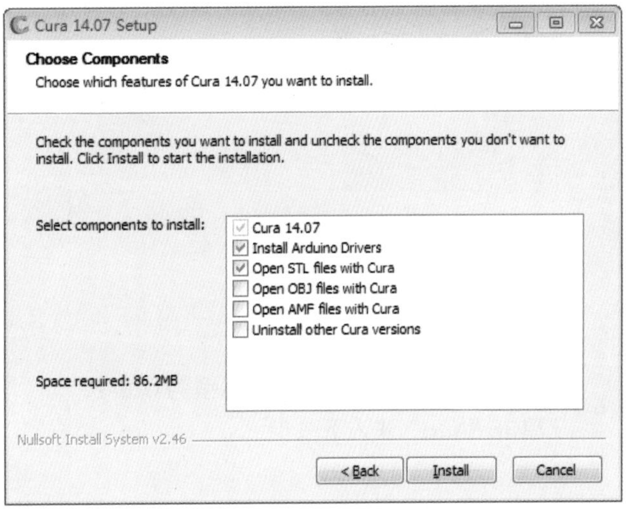
</td></tr>
<tr><td>3</td><td>等待进度条达到100%，文件复制步骤结束，单击“Next”继续</td><td>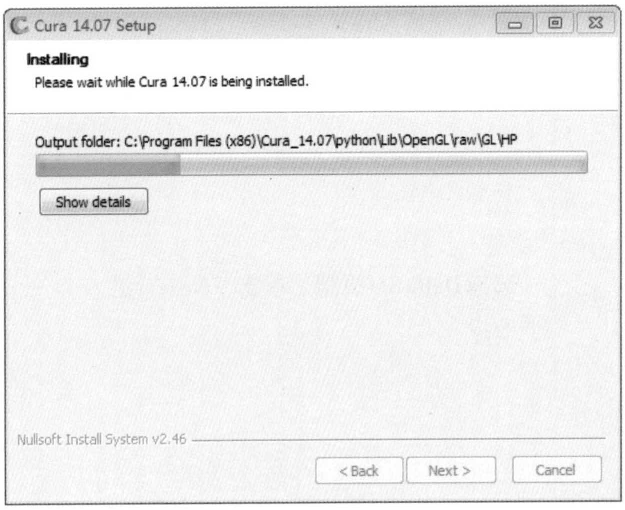
</td></tr>
</table>

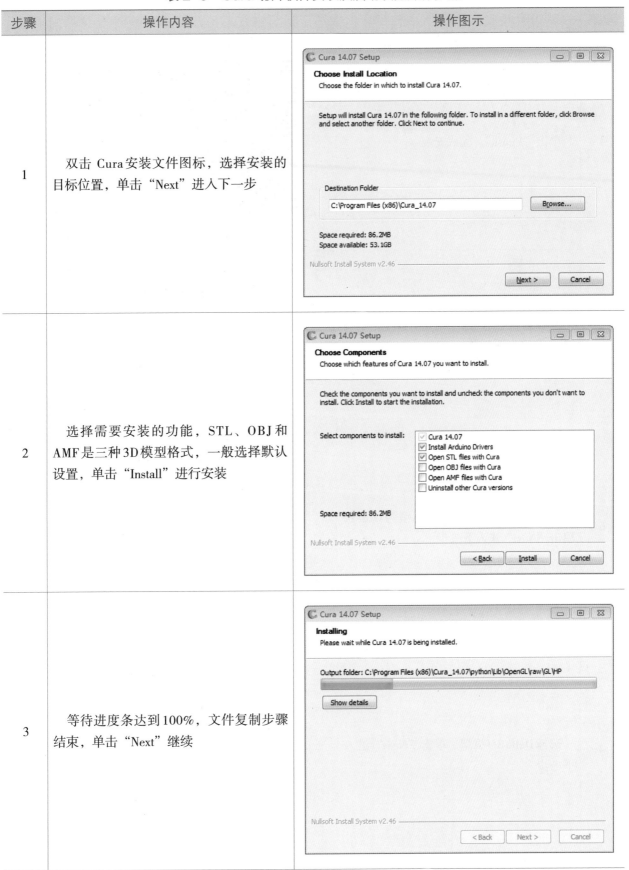

续表

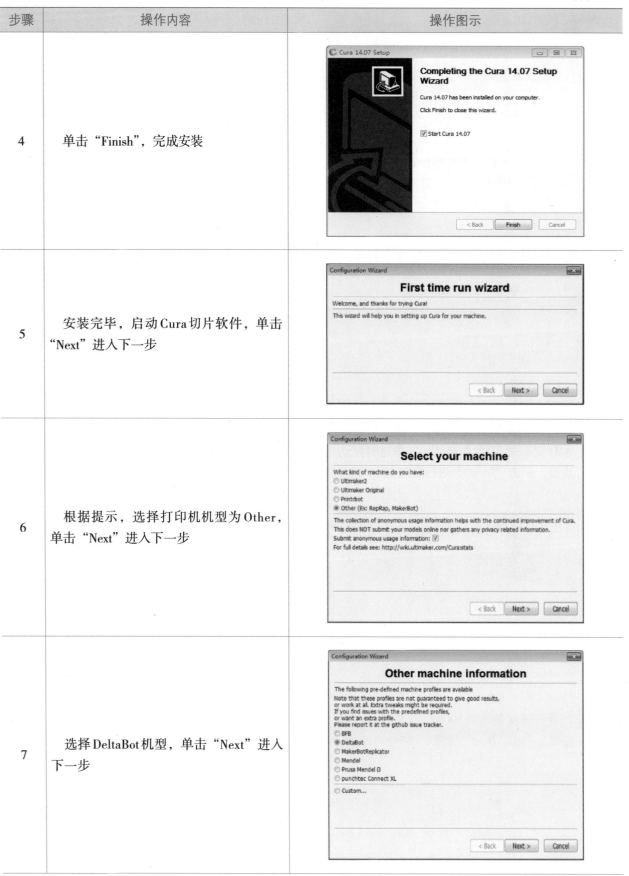

步骤	操作内容	操作图示
4	单击“Finish”，完成安装	
5	安装完毕，启动Cura切片软件，单击“Next”进入下一步	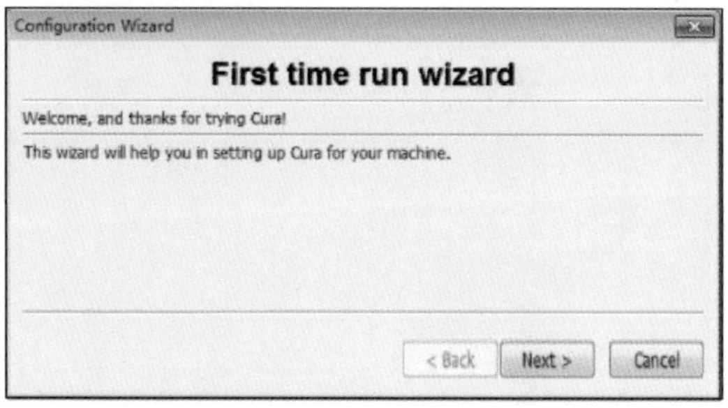
6	根据提示，选择打印机机型为Other，单击“Next”进入下一步	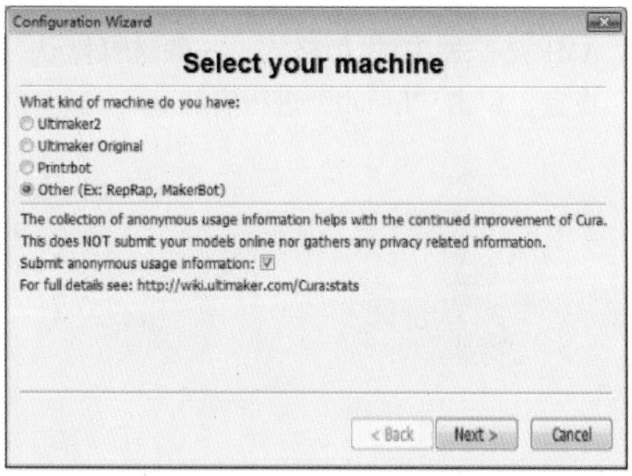
7	选择DeltaBot机型，单击“Next”进入下一步	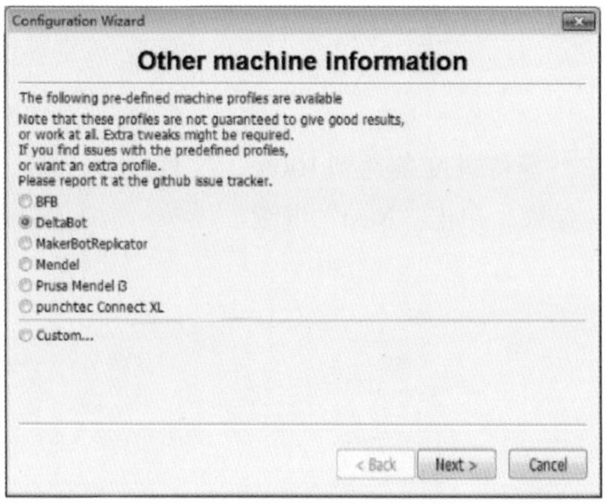

续表

步骤	操作内容	操作图示
8	单击“Finish”完成首次设置	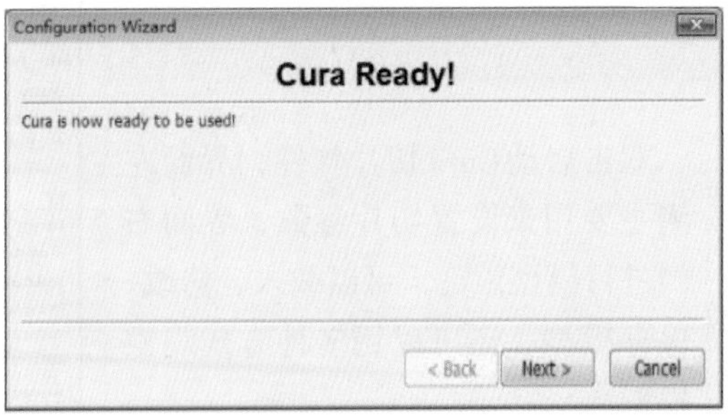

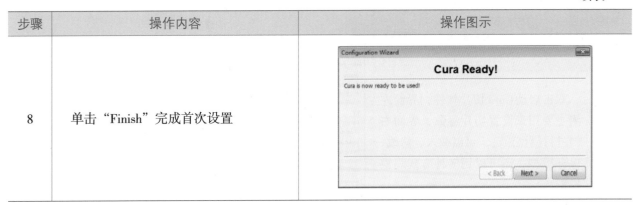

第一次启动Cura切片软件时，会自动载入作为Cura标志的小机器人，如图2-7a所示。再次打开Cura切片软件，就会看到空白的场景，如图2-7b所示。

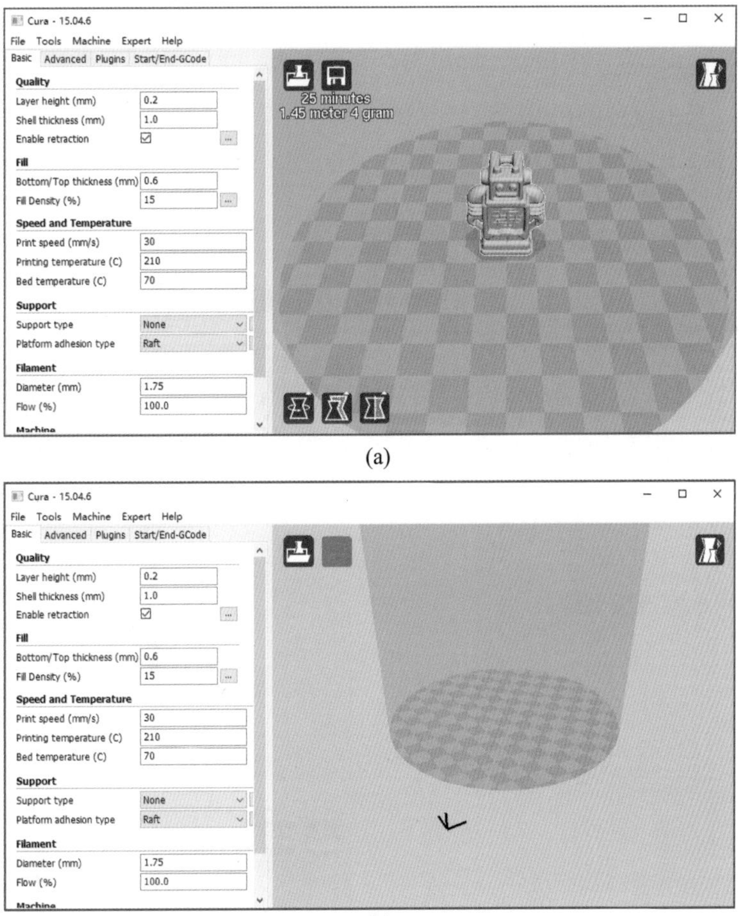

(a)

(b)

■ 图 2–7　Cura 软件启动界面

2. 模型载入和查看

一般3D打印模型的文件后缀为STL，这样的文件可以直接导入切片软件进行切片处理，进而转化成3D打印文件。下面以Cura切片软件为例介绍3D模型的载入和查看操作（表2–6）。

表 2-6　Cura 切片软件模型的载入和查看操作

步骤	操作内容	操作图示
1	双击启动Cura切片软件，界面左侧主要用来设置切片参数，界面右侧进行模型预览，可以载入、修改、保存模型，还可以用多种方式观察模型	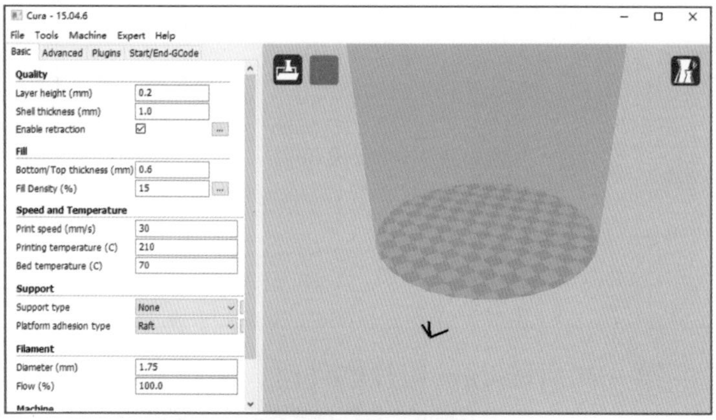
2	单击3D预览界面左上角的Load图标，载入一个模型。 模型载入后，马上就可以在3D预览界面看到模型。进度条快速前进的过程是Cura软件切片的工作过程。 单击YM图标，可以分享打印模型	 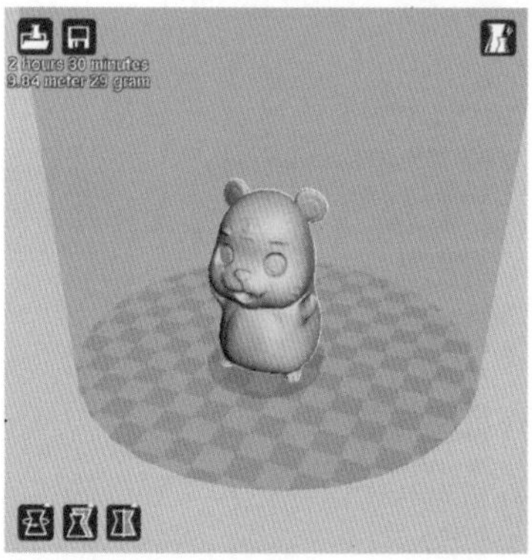 
3	用鼠标右键可以拖动模型到任意位置。 用鼠标滚轮可以实现模型缩放	
4	选择透明模式，可以观察到模型的正面、反面及内部构造	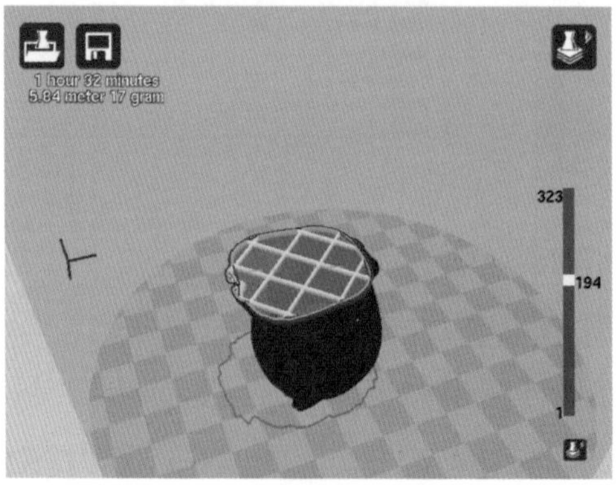

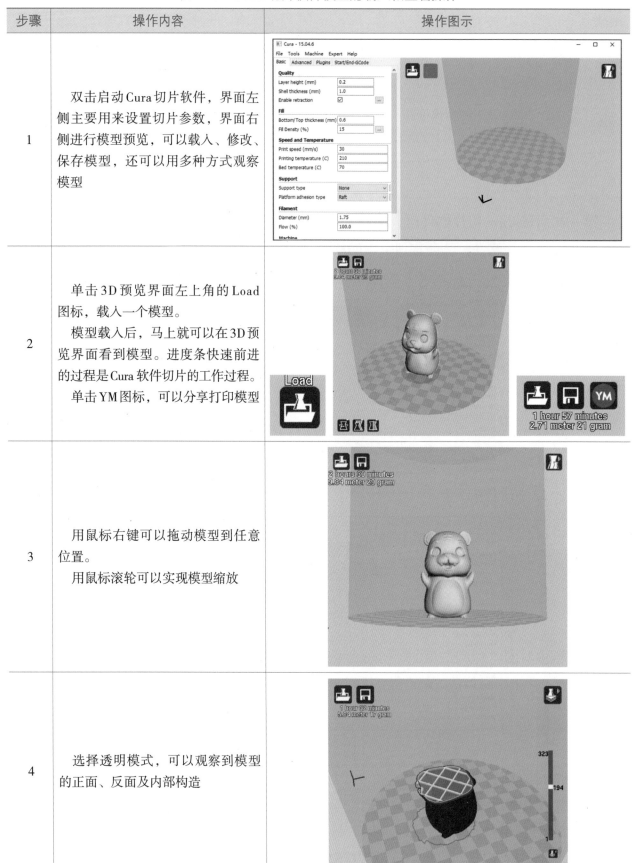

续表

步骤	操作内容	操作图示
5	选择层模式，可以分层展示整个3D模型，通过右侧的滑块，可以单独观察每一层的情况	
6	单击左下角的5个图标可以旋转模型。 单击模型周围的三个圆圈，可以使模型分别绕X、Y、Z轴旋转	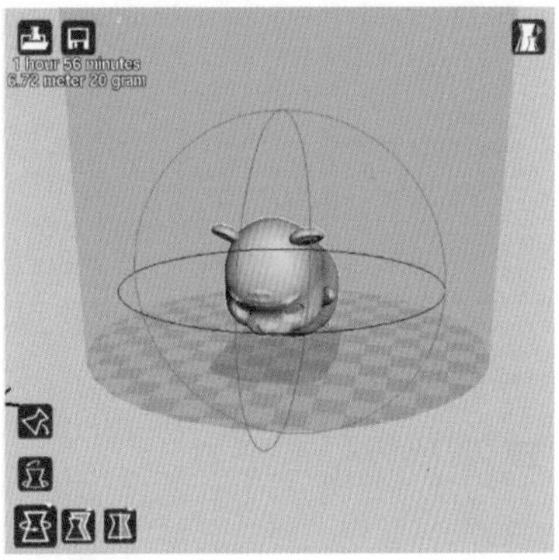
7	单击躺平功能（Lay flat），可以通过计算找出最适合3D打印的角度	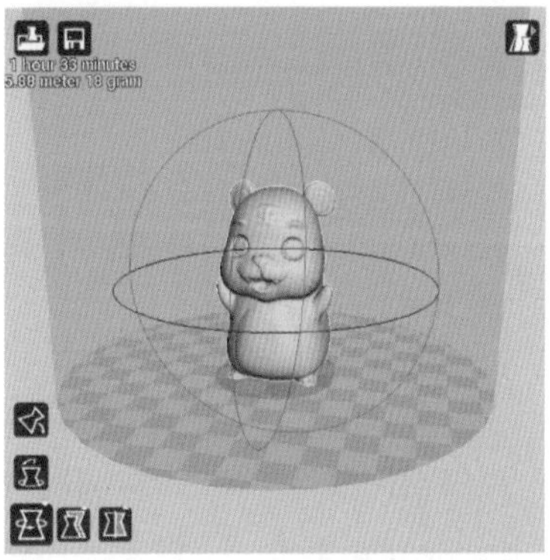
8	单击缩放功能，可以在X、Y、Z三个方向缩放模型。（拉动模型上的红绿蓝小方块或在弹出的输入框中直接输入数字，效果同上。）	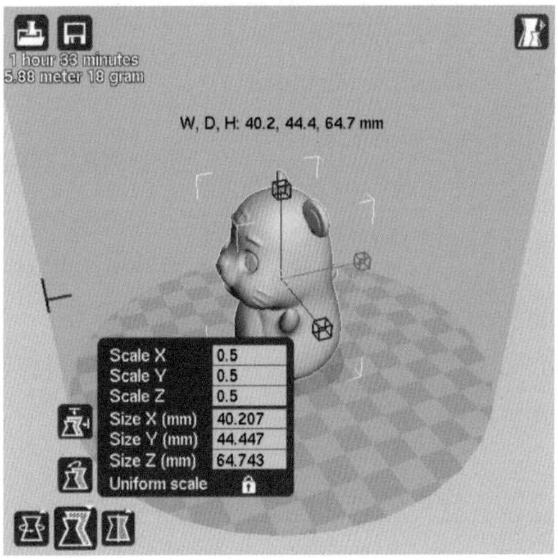

续表

步骤	操作内容	操作图示
9	设置模型的打印参数	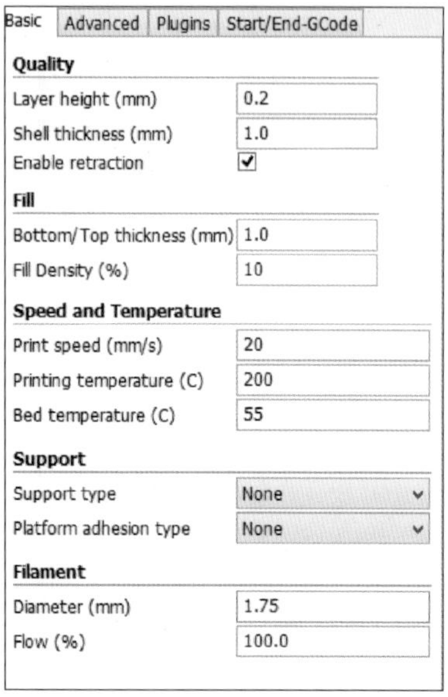

3. 认识Cura切片软件参数

Cura切片软件参数见表2-7。

表 2-7　Cura 切片软件参数

参数名称		参数含义	说明
打印质量 Quality	层高 Layer height	切片每一层的高度	影响打印的速度、精度
	壁厚 Shell thickness	一个实心的 3D 模型，在打印过程中四周生成的塑料外壳的厚度，外壳之外的部分使用网格状的塑料填充	影响 3D 打印件的坚固程度
	开启回抽 Enable retraction	在两次打印间隔时是否将塑料丝回抽，以防止多余的塑料在间隔期被挤出，产生拉丝	影响打印质量
填充 Fill	底层/顶层厚度 Bottom/Top thickness	与壁厚类似，推荐这个值和壁厚接近	建议采用层高和喷嘴直径的公倍数
	填充密度 Fill Density	实心3D模型内部网格状塑料填充的密度	通常选择20%
速度和温度 Speed and Temperature	打印速度 Print speed	每秒挤出的塑料丝的长度（mm）	通常选择50~60 mm
	打印温度 Printing temperature	依使用材料的不同而不同	PLA 材料通常设定为 200 ℃
	热床温度 Bed temperature	目的是让打印出来的PLA材料能比较牢固地黏在热床上	通常设定为55 ℃

续表

参数名称		参数含义	说明
支撑 Support	支撑类型 Support type	无支撑（None） 接触平台支撑（Touching build plate） 完全支撑（Everywhere）	
	平台附着类型 Platform adhesion type	是否加强模型与热床之间的附着特性，选项为无（None）、边缘型（Brim）、基座型（Raft）	
耗材 Filament	直径 Diameter	耗材的直径	
	流动率 Flow	挤出的塑料量相对于默认值的百分比	一般选100%

4. 输出G–code

所有参数设置完毕输出G–code，先将U盘插入计算机USB接口，单击图2–8所示SD图标，将生成的文件保存到U盘中，再将U盘插入3D打印机便可打印。

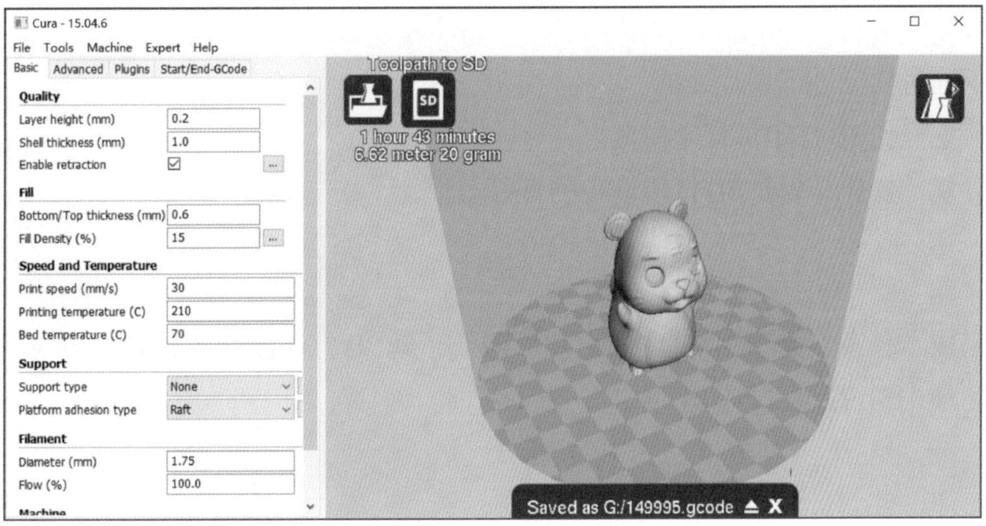

■ 图2–8 输出G–code

任务评价

对本任务的完成过程按表2–8中的要求进行自我评价，并写出完成本任务后的收获与体会。

表2–8 任务评价表

序号	评价内容	自我评价
1	会独立搜索可打印的模型	□完成 □未完成
2	能查看模型并进行切片处理	□完成 □未完成

续表

序号	评价内容	自我评价
3	能独立打印作品	□完成　□未完成

完成本任务后，你有哪些收获与体会？

任务拓展

不同3D打印机的使用步骤也会有所不同，请查阅相关资料，总结3D打印的一般流程。

任务3　使用CHITUBOX切片软件打印

任务目标

1. 会正确对模型进行切片处理。
2. 能独立操作3D打印机打印模型。
3. 养成规范操作、爱护3D打印设备的良好习惯。

任务描述

通过完成本任务，知道3D打印的切片原理，了解3D打印的切片种类，会对模型进行切片处理，能利用3D打印机打印模型。

任务准备

CHITUBOX是一款功能强大、操作简单的光固化3D打印预处理软件，广泛应用于牙科、人物模型、鞋、首饰等的3D打印，提供模型预处理、智能支撑编辑、高速切片功能，用户设计友好，算法优异，使用流畅，同时兼容SLA/DLP/LCD 3D切片软件。

任务实施

1. CHITUBOX切片软件安装及启动设置

CHITUBOX切片软件应用广泛，操作简单，满足不同类型的中小型SLA 3D打印机的切片需求。CHITUBOX切片软件安装及启动设置操作步骤见表2–9。

表 2-9　CHITUBOX 切片软件安装及启动设置操作步骤

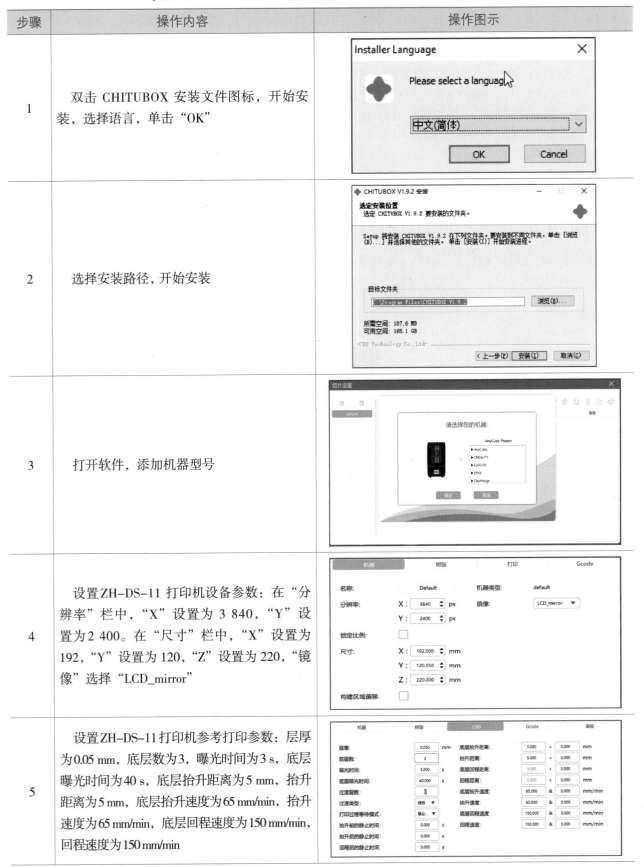

步骤	操作内容	操作图示
1	双击 CHITUBOX 安装文件图标，开始安装，选择语言，单击“OK”	
2	选择安装路径，开始安装	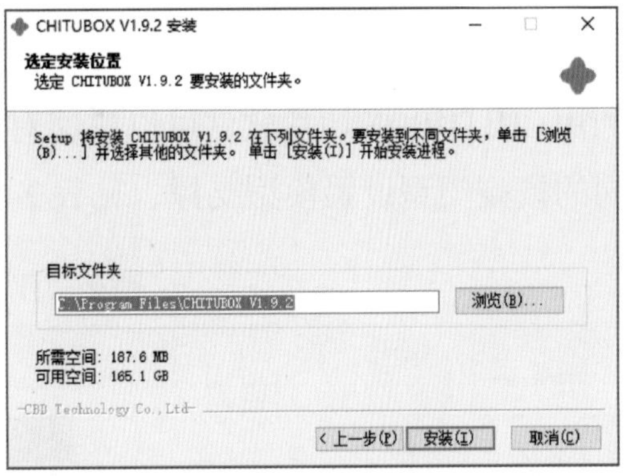
3	打开软件，添加机器型号	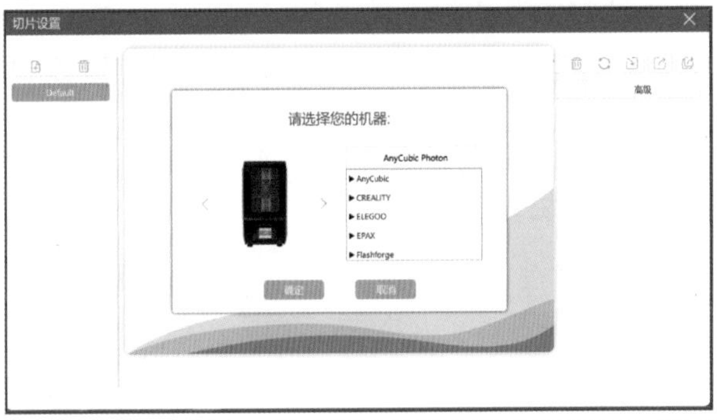
4	设置ZH-DS-11 打印机设备参数：在“分辨率”栏中，“X”设置为 3 840，“Y”设置为2 400。在“尺寸”栏中，“X”设置为192，“Y”设置为 120，“Z”设置为 220，“镜像”选择“LCD_mirror”	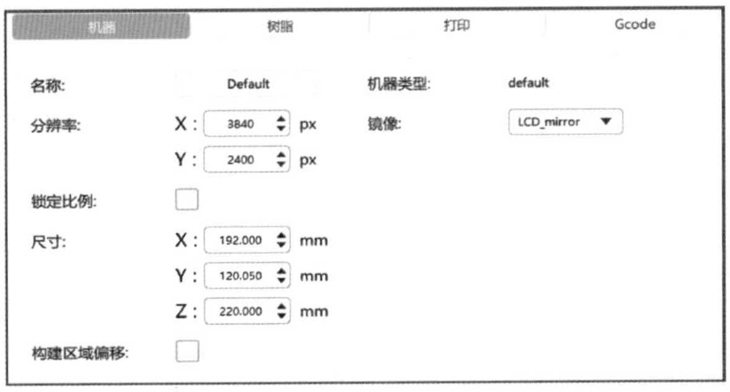
5	设置ZH-DS-11打印机参考打印参数：层厚为0.05 mm，底层数为3，曝光时间为3 s，底层曝光时间为40 s，底层抬升距离为5 mm，抬升距离为5 mm，底层抬升速度为65 mm/min，抬升速度为65 mm/min，底层回程速度为150 mm/min，回程速度为150 mm/min	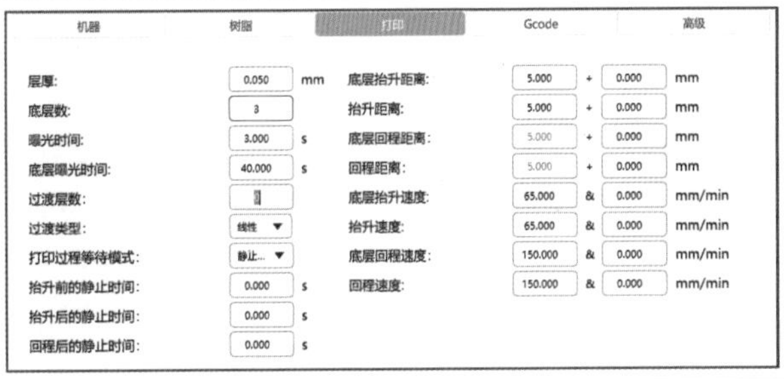

步骤	操作内容	操作图示
6	设置ZH-DS-11打印机高级参数：底层光强PWM为255，光强PWM为255，选择抗锯齿，抗锯齿级别为4，灰度级别为4，选择图像模糊，图像模糊像素为2	

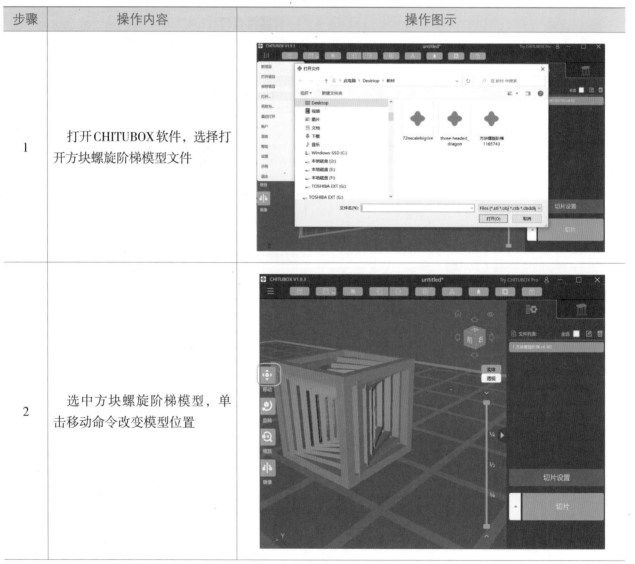

2. 模型设置

利用CHITUBOX切片软件可以快速对模型进行移动、旋转、缩放、镜像等操作，可以根据不同的模型类型设置模型支撑，见表2-10。

表2-10　模型设置操作步骤

步骤	操作内容	操作图示
1	打开CHITUBOX软件，选择打开方块螺旋阶梯模型文件	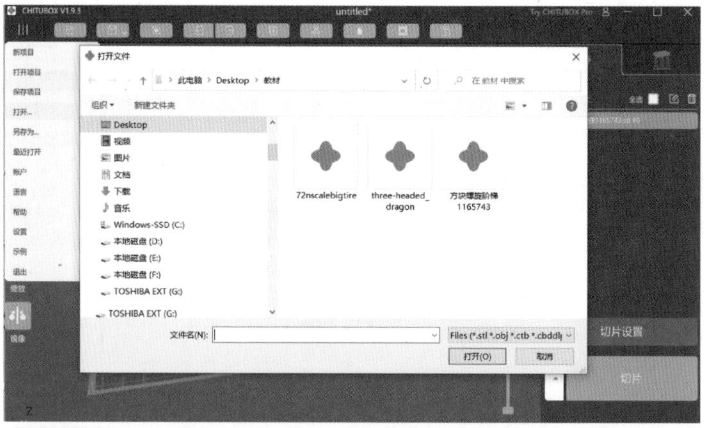
2	选中方块螺旋阶梯模型，单击移动命令改变模型位置	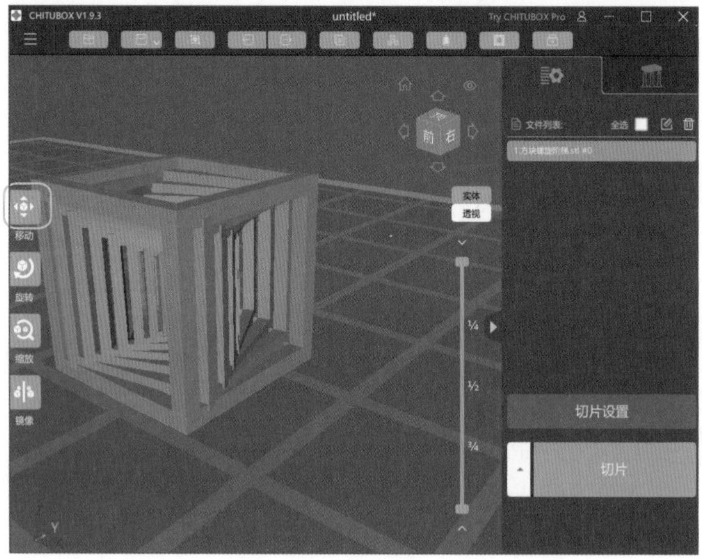

步骤	操作内容	操作图示
3	选中方块螺旋阶梯模型，单击旋转命令可对模型进行X、Y、Z三个方向的旋转	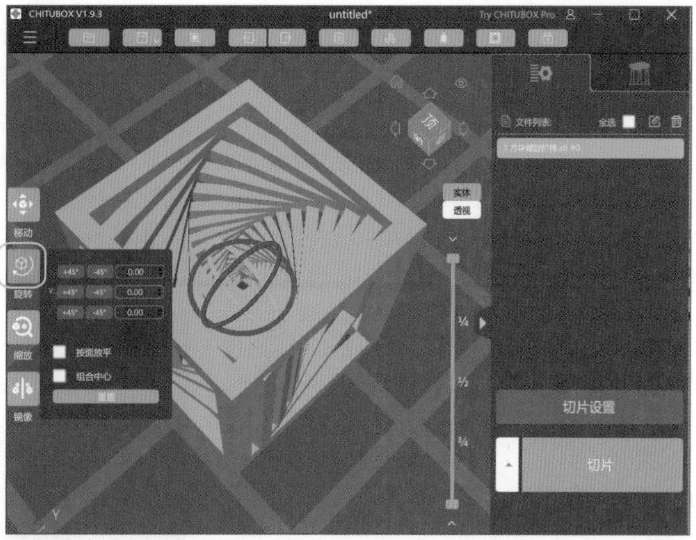
4	选中方块螺旋阶梯模型，单击缩放命令可对模型进行比例缩放	
5	选中方块螺旋阶梯模型，单击镜像命令可对模型进行X、Y、Z三个方向轴的镜像	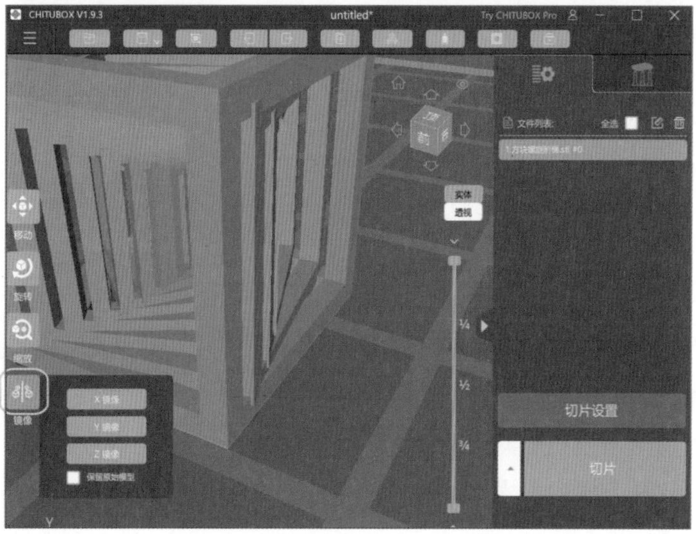

续表

步骤	操作内容	操作图示
6	单击支撑设置，单击“+平台”可以设置平台支撑，修改参数	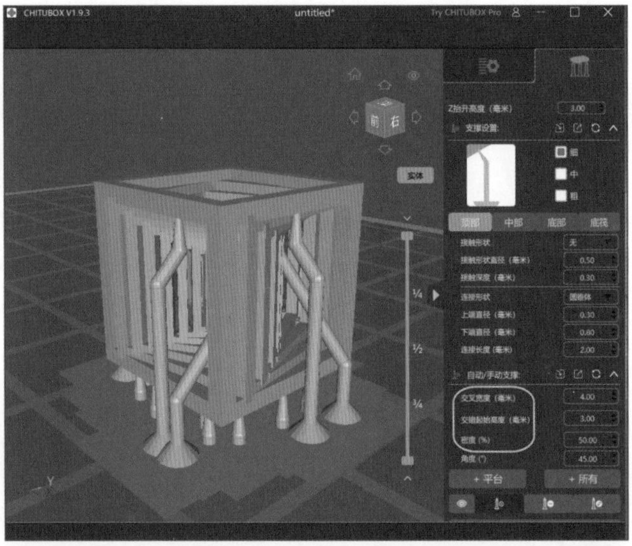
7	单击切片，选中层数工具条可以查看每一层切片的状态	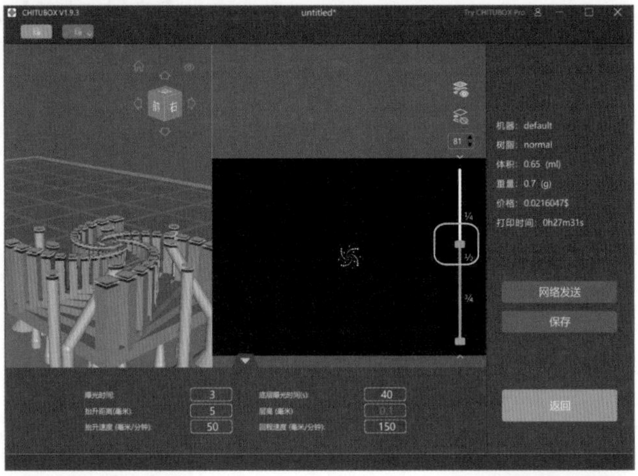
8	单击“保存”，选择U盘保存路径，修改文件名，扩展名为.ctb	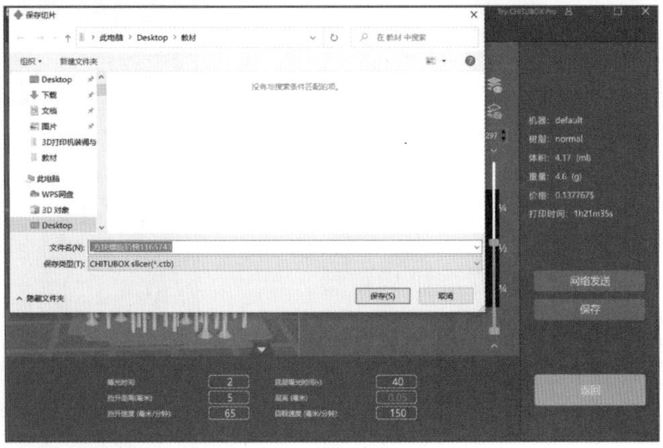

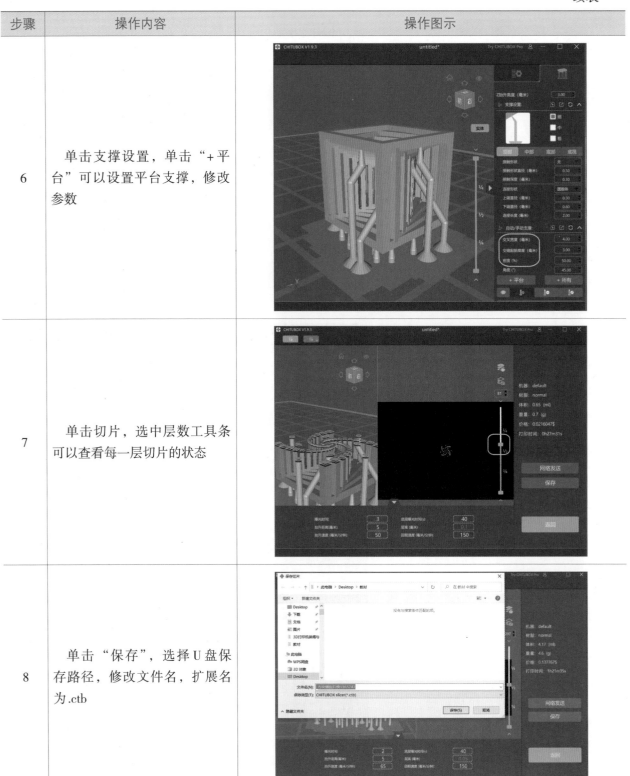

3. ZH-DS-11光固化打印机操作

ZH-DS-11光固化打印机是一款高精度桌面级3D打印机，具有打印速度快、成形精度高、操作简单等特点。下面使用该打印机打印方块螺旋阶梯模型，操作步骤见表2-11。

表2-11　操 作 步 骤

步骤	操作内容	操作图示
1	接通打印机电源，按“工具”键	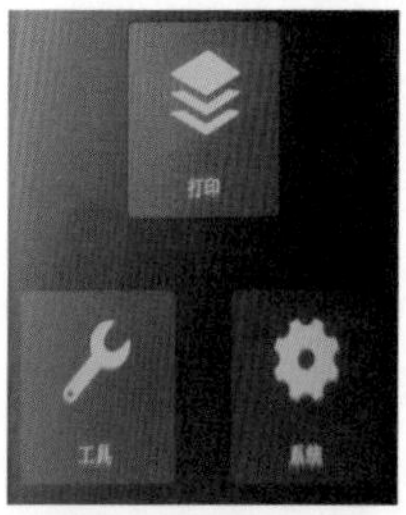
2	按“手动”键	
3	按“回原点”键	
4	当平台降到最低点时，设Z坐标为零	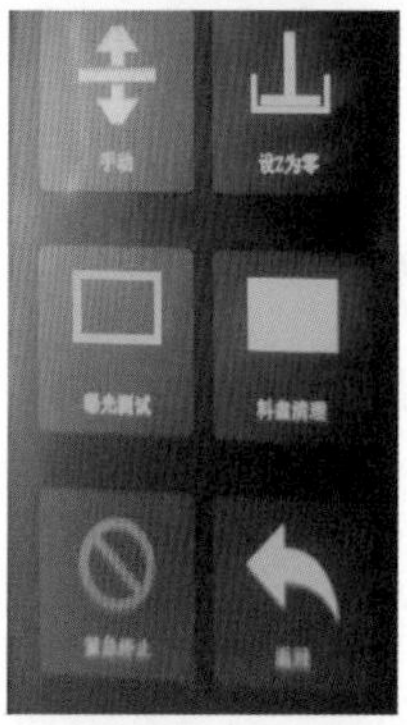
5	返回选择打印，选择方块螺旋阶梯模型，开始打印	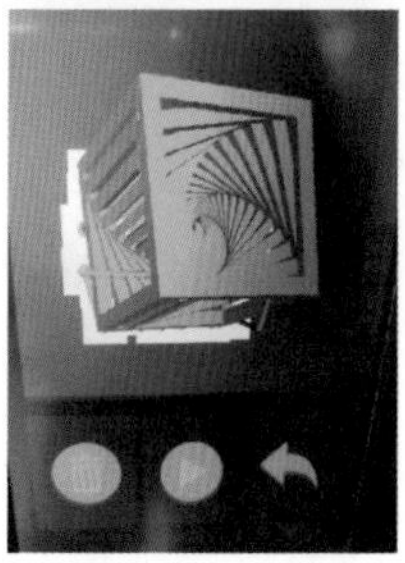

续表

步骤	操作内容	操作图示
6	完成方块螺旋阶梯模型打印	
7	用铲刀铲下方块螺旋阶梯模型	

4. 方块螺旋阶梯模型后处理操作

打印完成后需要进行后处理，由于液体树脂材料有一定的危害性，所以操作时需要戴橡胶手套（图2–9）及口罩。准备75%医用酒精（图2–10）和斜口钳（图2–11）。方块螺旋阶梯模型后处理操作步骤见表2–12。

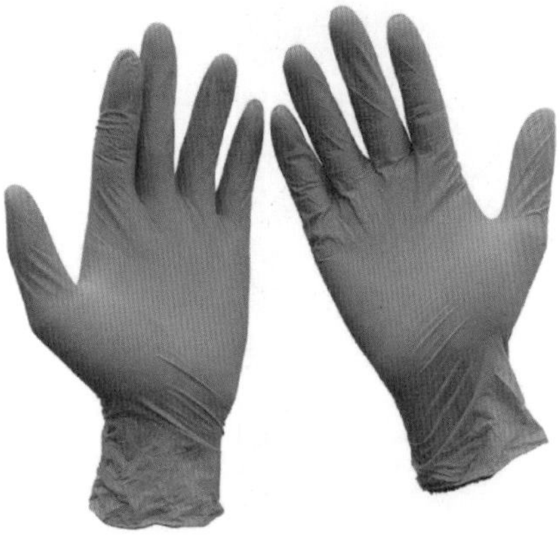

■ 图2–9　橡胶手套

■ 图2–10　酒精

■ 图2–11　斜口钳

表 2-12　方块螺旋阶梯模型后处理操作步骤

步骤	操作内容	操作图示
1	把方块螺旋阶梯模型放入倒有酒精的超声波清洗机中清洗，清洗时间不超过5 min	
2	用斜口钳去除方块螺旋阶梯模型的支撑	
3	使用紫外线灯对方块螺旋阶梯模型进行固化	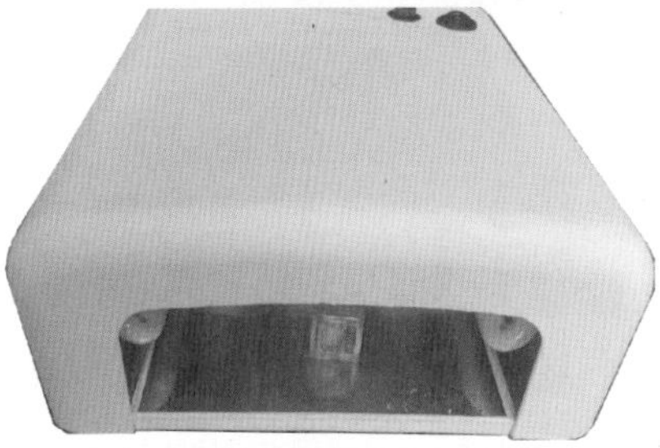
4	使用砂纸对方块螺旋阶梯模型进行抛光，完成后处理	

任务评价

请对本任务的完成过程按表2-13中的要求进行自我评价，并写出完成本任务后的收获与体会。

表 2-13　任务评价表

序号	评价内容	自我评价
1	会独立搜索可打印的模型	□完成　□未完成
2	能对模型进行切片处理	□完成　□未完成

续表

序号	评价内容	自我评价
3	能独立打印作品	□完成　□未完成

完成本任务后，你有哪些收获与体会？

任务拓展

光固化3D打印机的切片软件使用步骤与其他切片软件有所不同，请查阅相关资料，总结使用光固化3D打印机切片软件的一般流程。

项目小结

本项目包含“做好打印准备”“使用Cura切片软件打印”及“使用CHITUBOX切片软件打印”三个任务。

在“做好打印准备”任务中，通过学习连接3D打印机电源、利用LCD信息显示界面进行打印操作等内容，初步知道在打印前要完成的准备工作。

在“使用Cura切片软件打印”及“使用CHITUBOX切片软件打印”任务中，通过搜索打印模型、对模型进行切片处理、独立操作打印模型等，初步知道打印模型的基本流程。

思考与练习

1. 电源适配器由哪几部分组成？
2. 电源适配器型号XVE-120100中，120100表示什么含义？
3. 3D打印常见切片软件有哪些？简要复述切片的工作原理。
4. 在相同条件下，层高和打印成品的表面粗糙度有什么关系？

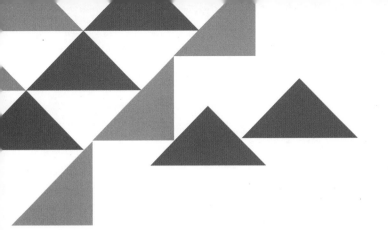

项目三

3D 打印机组装

■ 项目目标

- □ 能说出 CANVBOT T600 Ⅱ型 3D 打印机各机械结构的名称。
- □ 能说出 CANVBOT T600 Ⅱ型 3D 打印机各电路结构的名称。
- □ 能正确组装 CANVBOT T600 Ⅱ型 3D 打印机的机械部分。
- □ 能正确连接 CANVBOT T600 Ⅱ型 3D 打印机的电路部分。
- □ 会使用常用的 3D 打印机组装工具。
- □ 能规范整理线路。
- □ 树立规范安装、一丝不苟的工作作风。

■ 项目导入

自己动手组装一台3D打印机不仅需要具备基础的机械技能和处理电路接线的能力，还需要准备好组装工具。

本项目将学习图 3-1 所示 CANVBOT T600 Ⅱ型 3D 打印机的组装方法、组装前的准备工作、组装顺序及需要注意的细节等。

■ 图 3-1　CANVBOT T600 Ⅱ型 3D 打印机

任务1　组装3D打印机机械部分

任务目标

1. 能说出CANVBOT T600 Ⅱ型3D打印机各结构的名称。
2. 会使用常用的3D打印机组装工具。
3. 能正确组装CANVBOT T600 Ⅱ型3D打印机的机械部分。
4. 树立规范安装、一丝不苟的工作作风。

任务描述

通过完成本任务，知道CANVBOT T600 Ⅱ型3D打印机各结构的名称及功能，知道常用组装工具的名称并能正确使用组装工具，能独立正确组装3D打印机的机械部分。

任务准备

1. 常用组装工具

组装3D打印机常用的组装工具都是手工工具，如尖嘴钳、螺丝刀、斜口钳、内六角扳手、游标卡尺、笔形美工刀具组、套筒扳手、角尺、剥线钳、万用表、电烙铁等。组装CANVBOT T600 Ⅱ型3D打印机要用的工具主要是内六角扳手和十字螺丝刀，如图3-2所示。

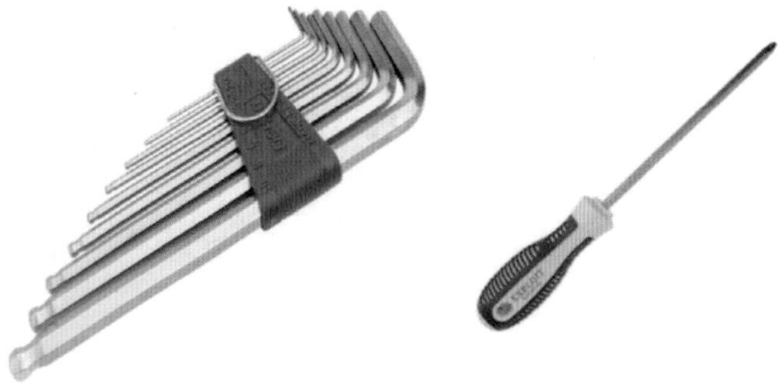

■ 图3-2　内六角扳手和十字螺丝刀

2. 3D打印机套件

3D打印机套件常分为三种类型：完整套件、零部件套件和配件套件。完整套件包含组装3D打印机所需要的全部零部件，有些套件还会附带必需的工具、详尽或部分的组装说明。大部分完整套件的包装十分精细，会将零部件按照材料清单上的内容进行分类。CANVBOT

T600 Ⅱ型3D打印机的完整套件如图3–3所示。零部件套件通常会提供打印机的所有零部件，但不会提供安装过程需要的工具。配件套件通常只提供打印机的某个配件。

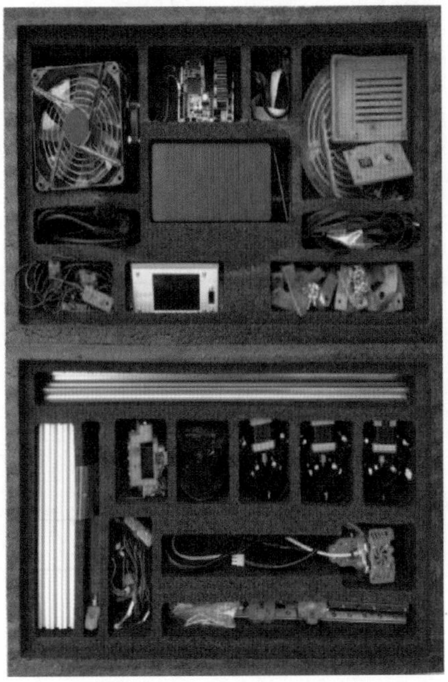

■ 图3–3 CANVBOT T600 Ⅱ型3D打印机的完整套件

3. 组装技巧

（1）整理小零件。在组装3D打印机的过程中，必然会用到许多小零件，如螺栓、螺母、垫片等，如果要组装的3D打印机数量在一台以上，又有多个型号，那组装过程中一项十分耗时的工作就是到处寻找小零件，因此建议在组装3D打印机之前最好能够利用带盖的塑料储存箱对零部件进行分类和整理，这样既可以节省时间，也可以保持组装区域整洁、干净。

（2）拧紧螺钉。在组装3D打印机的过程中，拧紧螺钉是一项经常要做的工作。拧螺钉时，究竟应该拧紧到什么程度？是否每种紧固件在拧紧时都要考虑其能够承受的最大扭矩？组装3D打印机不像组装其他精密机器，不需要使用扭力扳手等精密工具，一般以固定在一起的零部件形成毫无缝隙的牢固连接为标准，即零部件之间不出现松动即可。如果将螺钉拧得过紧，则螺钉很可能发生滑扣现象，常见于直径为2 mm和3 mm的小螺钉，这时可以尝试用小锉刀将螺钉切断。

（3）调节同步带。如果3D打印机中有同步带张紧器，则组装过程中需要给同步带留出一定的余量，因为组装完成后很有可能需要重新调节同步带的张紧度，所以就不用在组装过程中调节了。

4. CANVBOT T600 Ⅱ型3D打印机的结构

CANVBOT T600 Ⅱ型3D打印机的结构如图3–4所示。

■ 图 3-4　CANVBOT T600 Ⅱ型 3D 打印机的结构

任务实施

1. 安装下角架主板模块

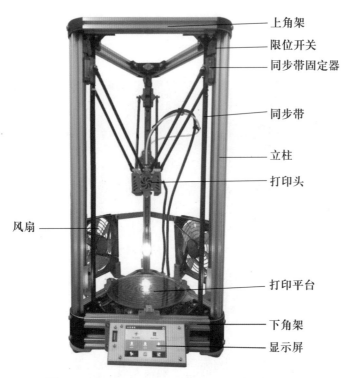

下角架主板模块是CANVBOT T600 Ⅱ型3D打印机的核心部件，安装时一定要小心，其安装步骤见表3-1。

表 3-1　下角架主板模块安装步骤

步骤	操作内容	操作图示
1	将主板模块用2个M4×8螺栓和2个M4 T形螺母安装到下角架的型材里面，主板模块居中，螺栓拧紧即可（主板模块固定位置即为设备正面）	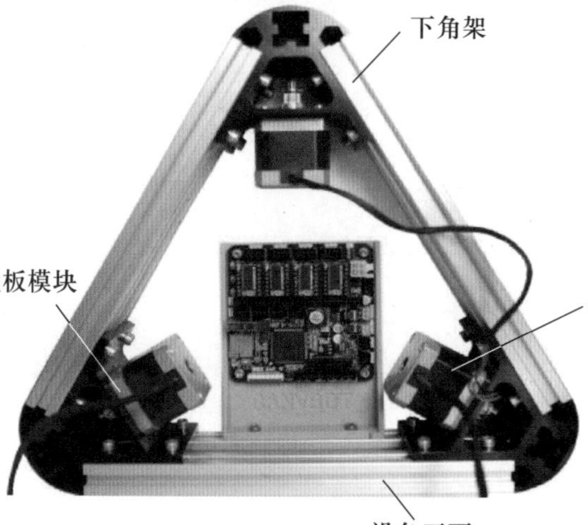

<table>
<tr><th>步骤</th><th>操作内容</th><th>操作图示</th></tr>
<tr><td>2</td><td>用2个M3×12螺栓和2个M3 T形螺母将5010散热风扇装到下角架左侧中间位置，使风向正对着主板。拧螺栓时不可用力过度，以免压坏风扇的塑料外壳</td><td>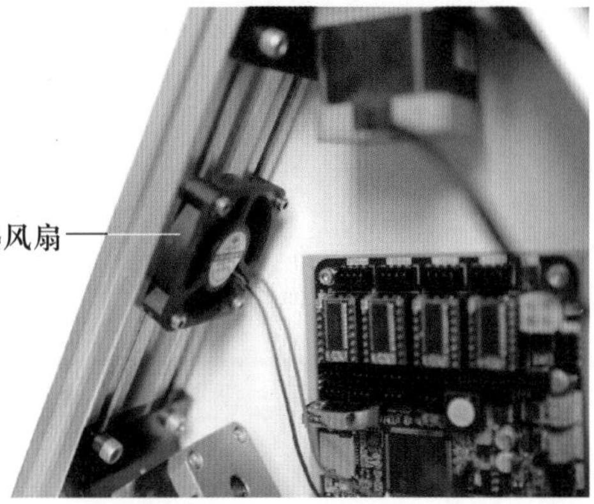</td></tr>
</table>

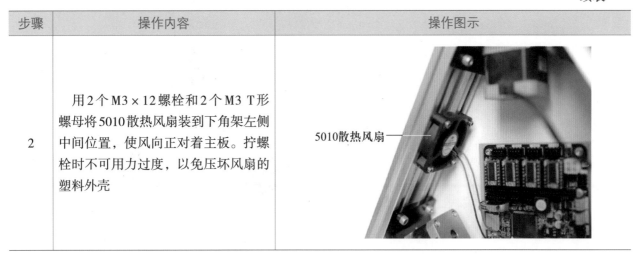

2. 安装打印机机架

CANVBOT T600 Ⅱ型3D打印机机架是用铝合金型材通过连接件组装而成的，组装时注意螺母位置，螺栓适当拧紧保证整个机架强度，其安装步骤见表3-2。

表 3-2　打印机机架安装步骤

<table>
<tr><th>步骤</th><th>操作内容</th><th>操作图示</th></tr>
<tr><td>1</td><td>安装下角架3对M5螺栓和T形螺母，不用拧紧</td><td>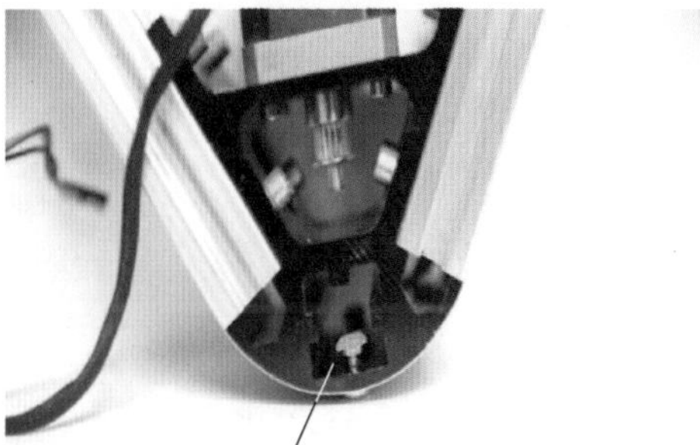</td></tr>
<tr><td>2</td><td>将3根立柱分别装在下角架上（注意立柱型材底部与下角架平行），用M5内六角扳手拧紧螺栓和T形螺母</td><td>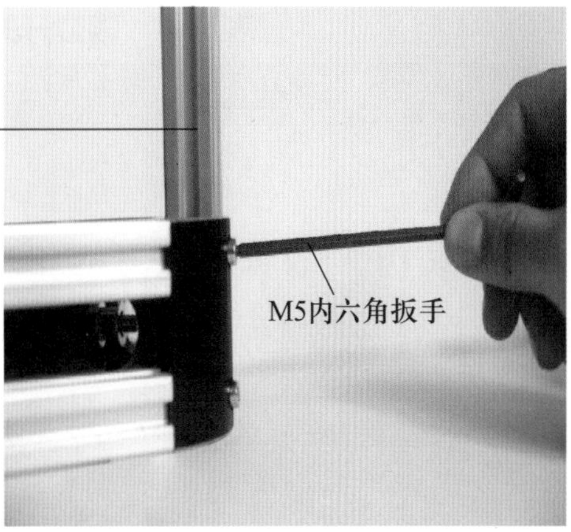</td></tr>
</table>

续表

步骤	操作内容	操作图示
3	将3个M5螺栓分别拧在上角架的3个孔里（不用拧紧）	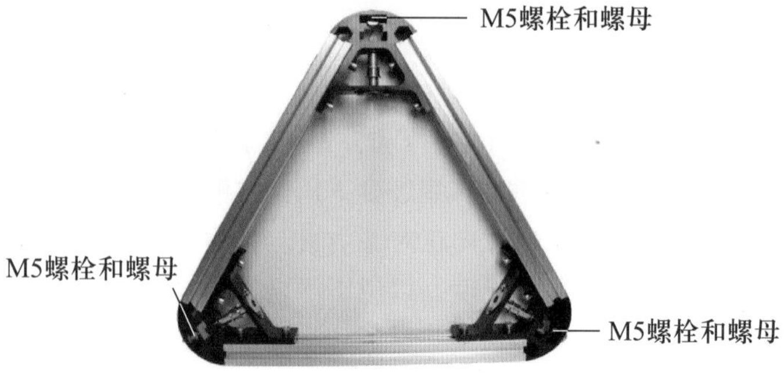
4	将上角架分别装到3根立柱上（注意上角架与下角架平行），用M5内六角扳手拧紧固定上角架	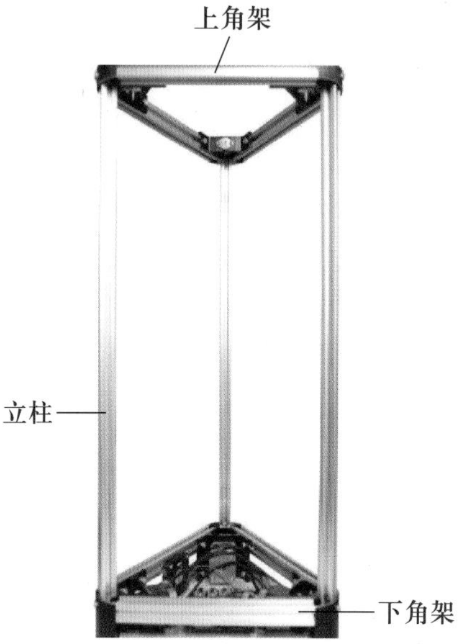

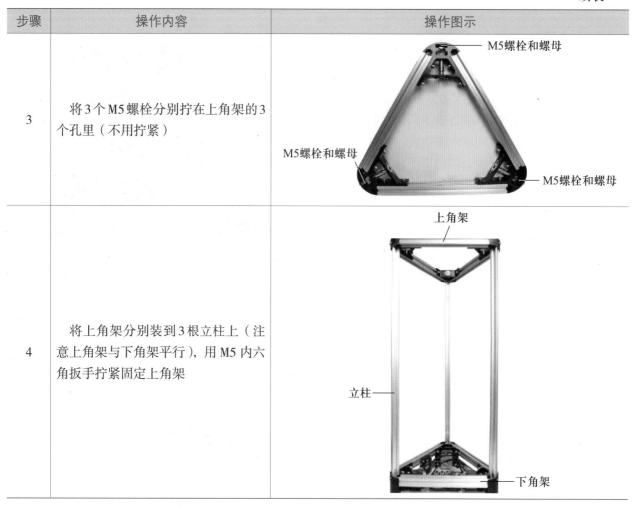

3. 安装限位开关、滑轨及LED灯

CANVBOT T600 Ⅱ型3D打印机的X、Y、Z轴靠滑轨运动，限位开关和LED灯限制三根轴的极限位置，因此限位开关、滑轨和LED灯的安装直接影响该设备的工作情况，必须按照步骤进行组装，见表3-3。

表3-3　限位开关、滑轨及LED灯的安装步骤

步骤	操作内容	操作图示
1	分别在3根立柱上安装限位开关，限位开关与上角架的距离为5 mm。3根轴的限位开关尽量保持一致，限位开关的位置决定了整机的打印高度	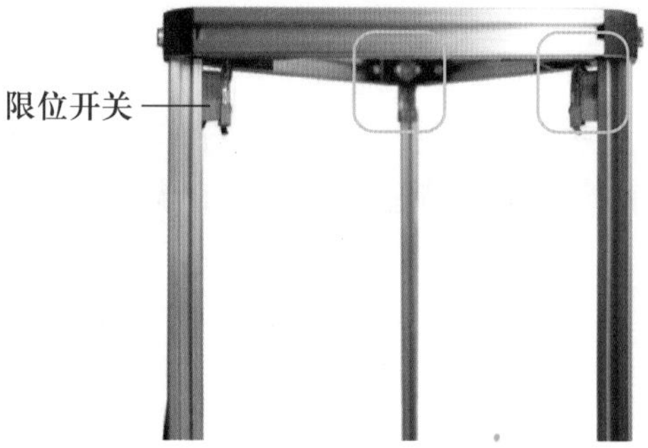

步骤	操作内容	操作图示
2	将限位开关导线沿着侧面型材缝隙向下从下角架侧面孔中穿出，穿到主板上方	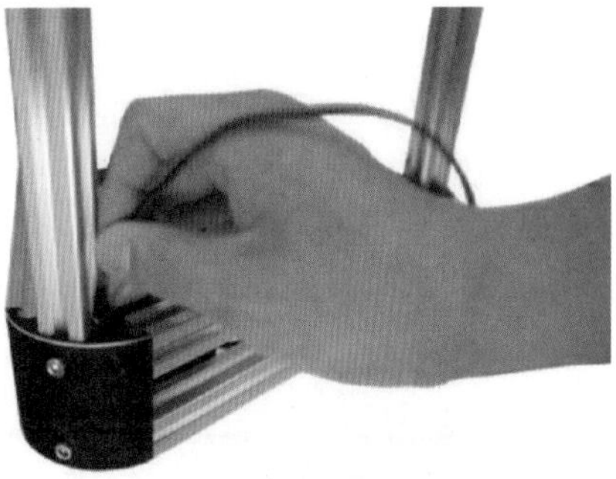
3	将同步带固定器用螺钉固定在滑块上，再将滑轨用内六角螺钉固定在立柱上	
4	右手拿住滑块，使其不要从滑轨上滑出，左手拿住LED灯安装在滑轨下方，用内六角螺栓固定	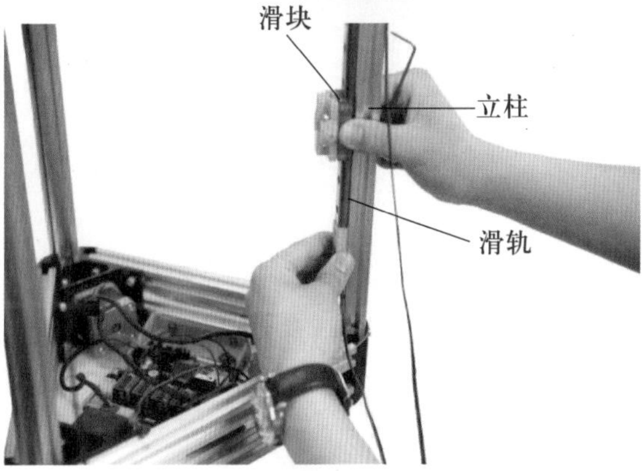
5	将LED灯的导线从立柱槽下角架孔中穿出	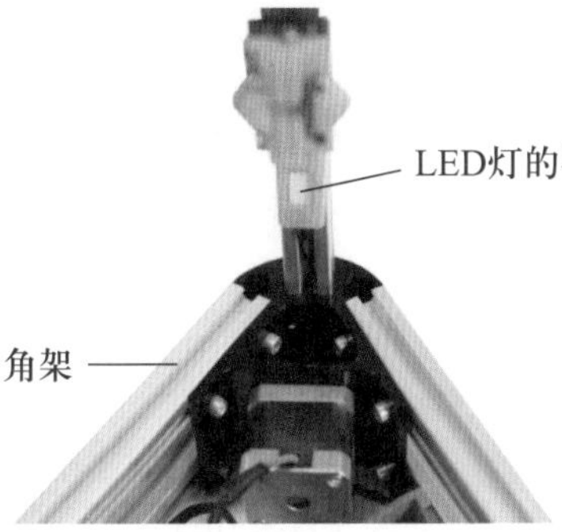

4. 安装三轴同步带

3D打印机工作时，电动机驱动同步带使滑块上下运动，从而带动喷嘴移动。同步带安装的松紧程度会直接影响喷嘴的移动精度，安装时尽量保证同步带始终处于张紧状态。三轴同步带安装步骤见表3-4。

表 3-4　三轴同步带安装步骤

步骤	操作内容	操作图示
1	将同步带一端嵌入同步带固定器卡槽内，光面朝外	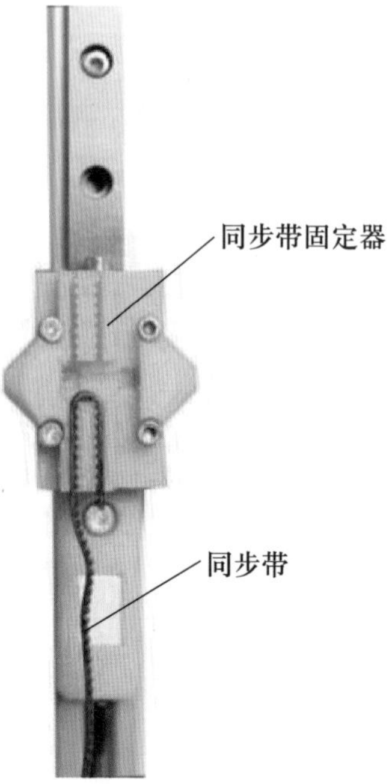
2	将同步带另一端穿过下角架同步带轮	
3	将同步带继续穿过上角架同步带惰轮	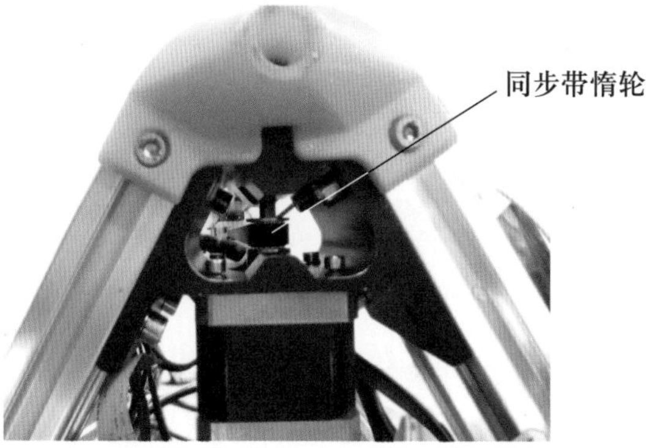

续表

步骤	操作内容	操作图示
4	将同步带拉紧并压入同步带固定器上的卡槽内。注意：压入时一定要保持同步带处于张紧状态	
5	将同步带张紧弹簧安装在同步带固定器下侧约5 cm的位置，张紧同步带。重复以上步骤，分别在3根立柱上安装同步带	

5. 安装接线坞和显示屏

接线坞主要用于连接各元器件的接头。显示屏用于3D打印时的人机交互，安装时不要划损显示屏表面。接线坞和显示屏安装步骤见表3-5。

表3-5　接线坞和显示屏安装步骤

步骤	操作内容	操作图示
1	将接线坞用2个M4 × 12螺栓和2个M4 T形螺母安装在下角架右侧，与黑色支架平齐，线材从下角架型材中间缝隙穿出，拧紧螺栓	

续表

步骤	操作内容	操作图示
2	将热床接线坞用2个M4×8螺栓和2个M4 T形螺母安装在下角架右内侧，与电动机角架齐平，拧紧螺栓	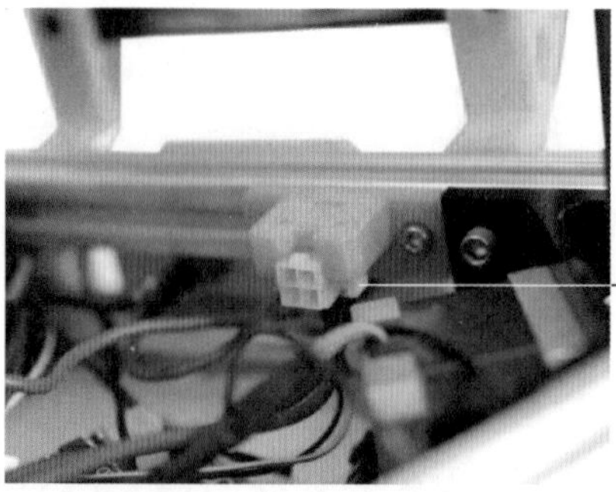
3	将显示屏4个角用4个M4螺栓和4个M4 T形螺母安装在下角架正面，和主板模块正对，将显示屏排线与主板相连，USB线连接到主板上	

6. 安装140风扇模块、电源模块和供料系统

CANVBOT T600 Ⅱ型3D打印机配有两个140风扇，在打印过程中，当温度过高时对打印件进行快速冷却。电源模块主要给打印机供电，由一个5 A电源接头和一个船型开关组成。供料系统主要由耗材架和挤出机模块组成，工作时给打印头供给材料。140风扇模块、电源模块和供料系统安装步骤见表3–6。

表3–6　140风扇模块、电源模块和供料系统安装步骤

步骤	操作内容	操作图示
1	将两个140风扇模块按照右图所示进行装配，并用螺钉固定	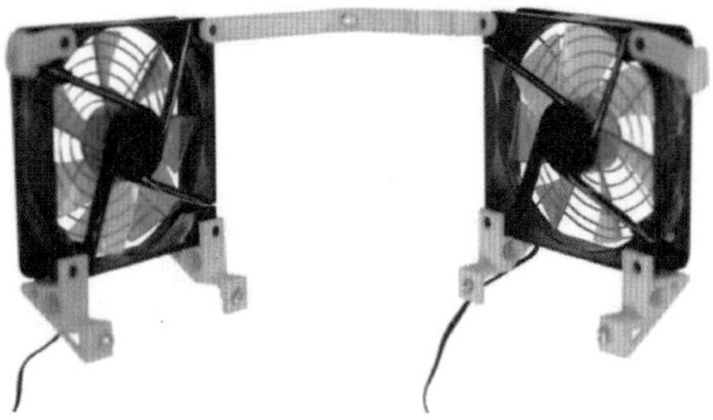
2	将140风扇模块用5个M4×8螺栓和5个M4 T形螺母安装到下角架和立柱上，安装固定件时要保持水平	

续表

步骤	操作内容	操作图示
3	将电源模块用4个M4×8螺栓和4个M4 T形螺母安装到右侧140风扇模块下方，拧紧螺栓。电源模块的线从下角架型材中间穿出	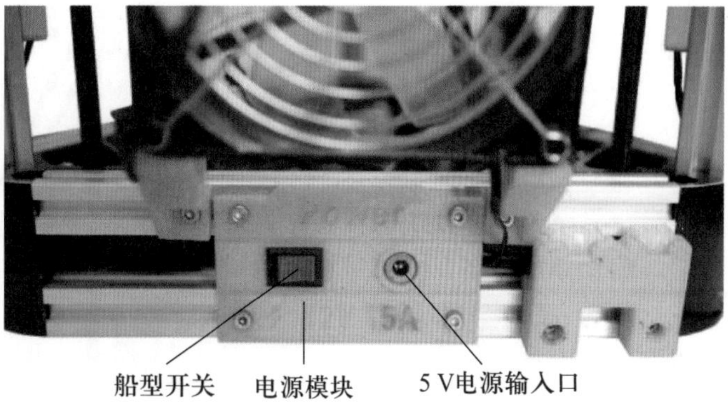
4	将耗材架用1个M4×8螺栓和1个M4 T形螺母安装到立柱后侧，高度为耗材架顶部距侧边风扇连接件底部4 cm	
5	将送料模块安装到立柱后侧，挤出机模块的下缘比侧边风扇连接件的上缘高8 cm左右	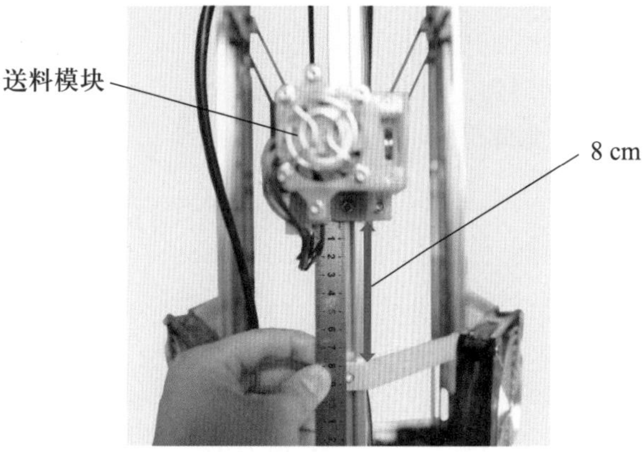

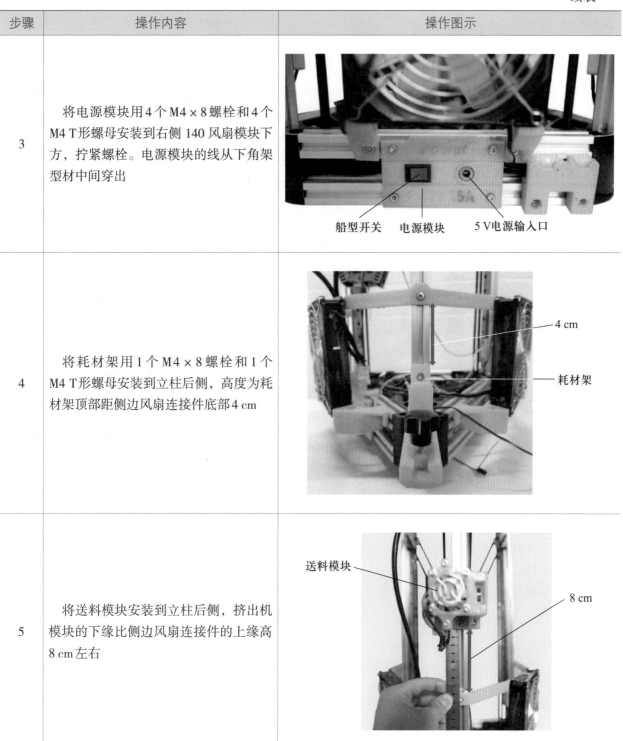

7. 安装打印头模块及其他模块

打印头是模型成形的关键部件，其内部结构复杂，主要有加热、测温、散热等功能。热床固定模块是3D打印机的工作平台，为了能让打印头喷出的材料牢固地黏在平台上，平台有加热功能使喷出的材料缓慢冷却。打印头模块及其他模块安装步骤见表3-7。

表 3-7　打印头模块及其他模块安装步骤

步骤	操作内容	操作图示
1	将推杆一端用 M3×16 螺钉和弹簧垫片装在打印头模块上，另一端对应装在同步带固定器上。 安装打印头模块时注意：风扇面朝向设备正面（装有显示屏的一面）拧紧螺钉	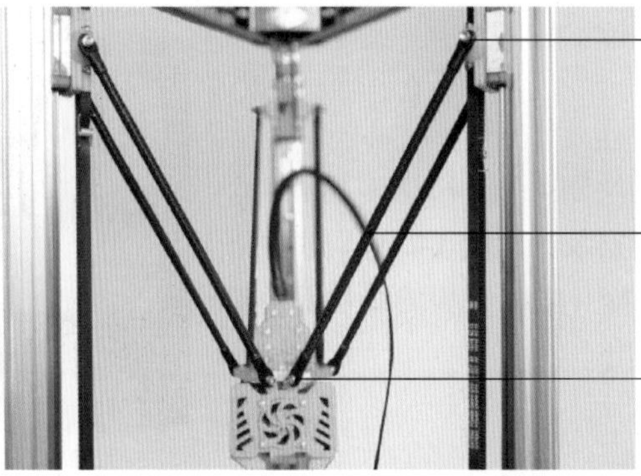
2	用线材固定扣将所有线材固定在型材凹槽中	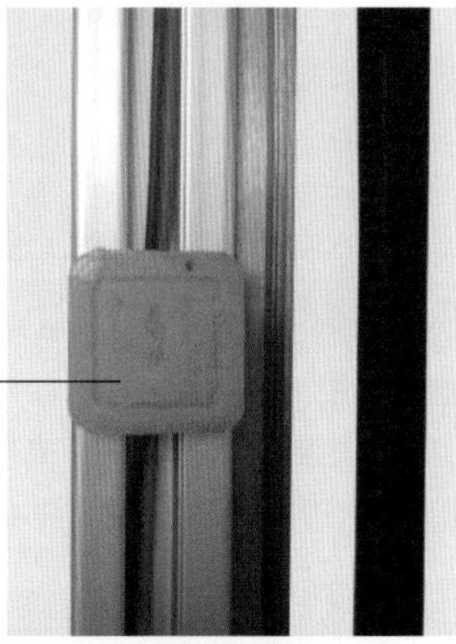
3	在下角架三角上装地脚，将连接线向中间拉直，对准地脚中间缝隙，用 2 个 M4×8 螺栓和 T 形螺母固定	
4	将进丝电动机线一头插在进丝电动机 6P 插座上，打印头线插在 8P 插座上，将两根线并排卡在 140 风扇短固定条上	

任务评价

请对本任务的完成过程按表3-8中的要求进行自我评价，并写出完成本任务后的收获与体会。

表3-8 任务评价表

序号	评价内容	自我评价
1	安装下角架主板模块	□完成 □未完成
2	安装打印机机架	□完成 □未完成
3	安装限位开关、滑轨及LED灯	□完成 □未完成
4	安装三轴同步带	□完成 □未完成
5	安装接线坞和显示屏	□完成 □未完成
6	安装140风扇模块、电源模块和供料系统	□完成 □未完成
7	安装打印头模块及其他模块	□完成 □未完成

完成本任务后，你有哪些收获与体会？

任务拓展

写出学校实训室的桌面级3D打印机的型号，查阅相关资料，尝试组装其机械部分，并总结桌面级3D打印机机械部分的组装要求。

任务2 连接3D打印机电路部分

任务目标

1. 能说出CANVBOT T600 Ⅱ型3D打印机各电路结构的名称。
2. 能正确连接CANVBOT T600 Ⅱ型3D打印机的电路部分。
3. 能规范整理导线。
4. 树立规范安装、一丝不苟的工作作风。

任务描述

通过完成本任务，知道CANVBOT T600 Ⅱ型3D打印机各电路结构的名称及功能，会正确使用常用的组装工具独立正确连接3D打印机的电路部分。

任务准备

连接电路前，应先阅读组装说明书，确保每一步接线和焊接的位置都是正确的，因为一旦接错元器件，通电时会烧坏元器件，导致设备无法正常使用。此外，掌握一些小技巧，能使连接的电路更加完美。

1. 正确使用扎线带

连接电路必然会用到扎线带，如图3–5所示。它能使整台3D打印机的线路走线整齐，而且能将导线固定在远离活动零件或高温零件的位置，防止它们影响3D打印机正常工作。

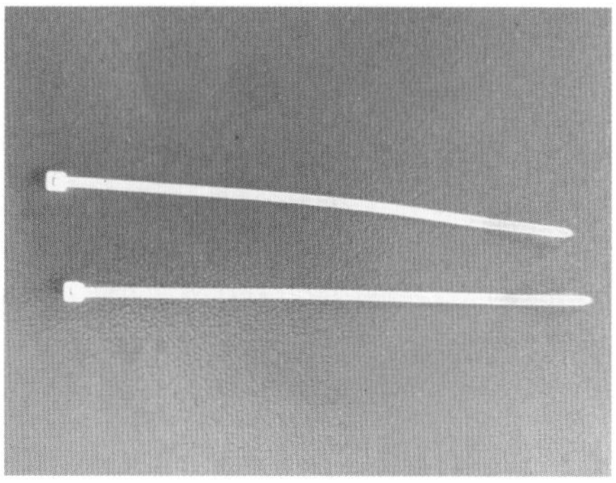

■ 图3–5　扎线带

使用扎线带时，需要注意以下两点：① 最终检测完成前不要把各处都固定住，因为若测试时发现电路连接有问题，则要剪掉大量的扎线带来解决问题；② 剪断扎线带的位置如果离扎线带上的结点比较远，则会产生尖锐的塑料断口，这是一个安全隐患。

2. 静电处理

连接电路时，应该采取措施确保身体、工作区域和3D打印机的接地都正常，这样可以避免因静电造成的损害。预防静电的最佳方式是组装者佩戴防静电腕带，同时将腕带和3D打印机的框架结构连接起来。对显示屏的信号线进行静电屏蔽的方法一般是使用带有铝箔内衬的屏蔽胶带。

3. 消除扭力

连接挤出机、轴等活动零部件的导线可能会因长期的快速运动而出现故障，因此连接电路时需要消除扭力，常用的方式是在导线上缠胶带。缠胶带时，要确保从导线末端开始缠绕，防止胶带末端的导线被定死。

任务实施

1. 认识主板模块线路图

主板模块是3D打印机电路部分的核心部件，主板模块线路图如图3–6所示。它上面有很多电路接头，连接前首先要知道每个接头的名称及功能，如连接错误会造成主板损坏。接线时，要根据接线图把每个运转模块的连接线接到相应的接头处并保证连接牢固。

2. 连接显示屏线路

CANVBOT T600 Ⅱ型3D打印机显示屏需要连接USB接口和显示屏排线两条线路，其连接步骤见表3–9。

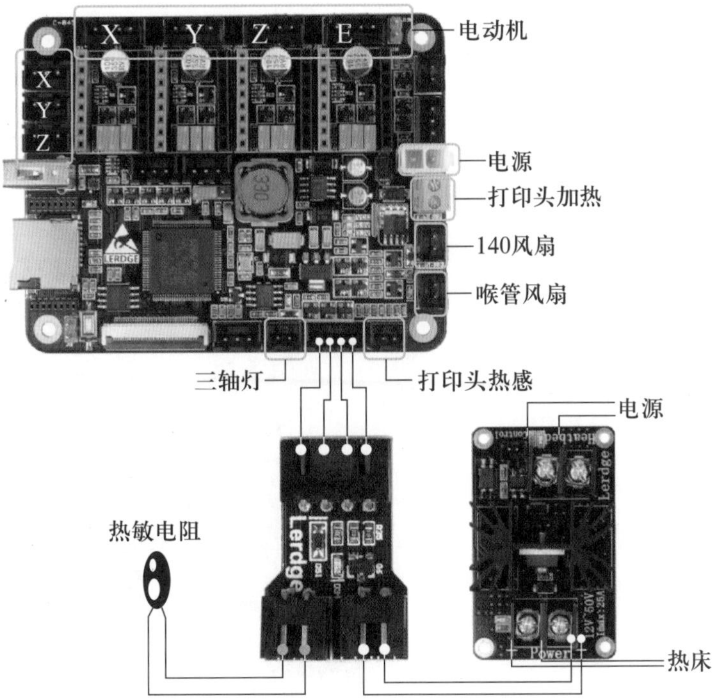

■ 图 3-6　主板模块线路图

表 3-9　显示屏线路连接步骤

步骤	操作内容	操作图示
1	将显示屏USB接口插入主板USB接口内	
2	将主板排线锁扣向外拨开，注意动作要轻；将排线金属侧向下插入排线孔，注意要插到底并锁住锁扣	

3. 连接热床模块线路

热床模块主要给工作平台加热，保证在打印时模型能较为牢固地黏附在工作平台上，工作时电流和电压较高。热床模块线路连接步骤见表3-10。

表 3-10　热床模块线路连接步骤

步骤	操作内容	操作图示
1	找到热床电源线和热床加热线	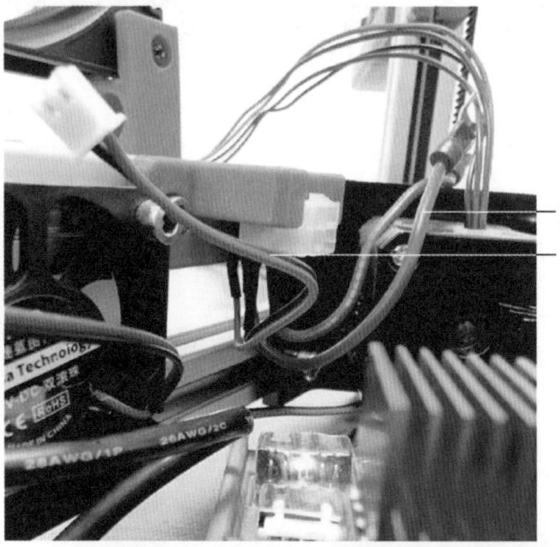
2	将红、黑电源线接到拓展板的右侧插槽内	
3	找到信号控制线	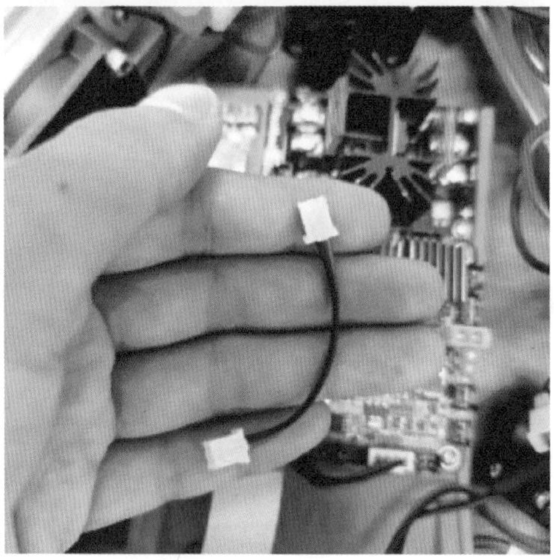

续表

步骤	操作内容	操作图示
4	将信号控制线插入相应位置	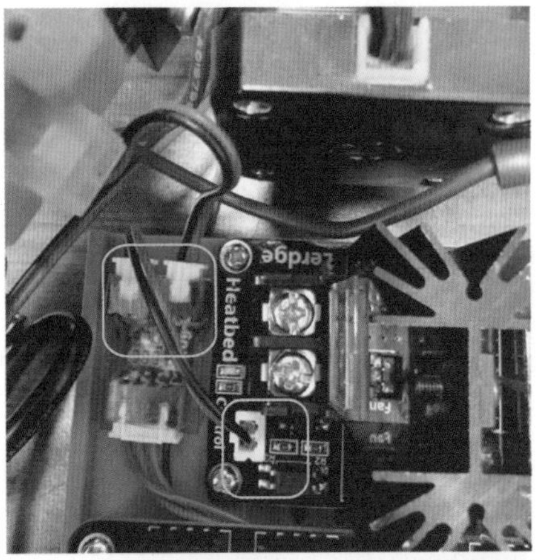
5	用十字螺丝刀将热床加热线接到热床控制模块上，盖上保护罩	

4. 连接主电源线路

主电源线路是3D打印机的主要供电线路，连接时要注意接线正负极，接错会损坏打印机。主电源线路连接步骤见表3-11。

表3-11 主电源线路连接步骤

步骤	操作内容	操作图示
1	找到主电源线，一头为U形接头，另一头为2P插头，红色为正极，黑色为负极	

步骤	操作内容	操作图示
2	将2P插头插入主板电源插头位置	
3	用十字螺丝刀将U形接头接入电源模块相应位置，注意红色接正极，黑色接负极，盖上保护罩	

5. 连接打印头加热棒及热敏电阻线路

整机的加热模块分为热床和打印头两部分，其中加热打印头是为了融化耗材，然后配合电动机带动喷嘴运动完成整个模型的打印。

热敏电阻的作用是实施温度监控，将加热棒传到加热块的温度实时传送到显示屏上，让操作者能更好地观察目前的打印温度，防止温度过低或过高造成模型打印失败。

打印头加热棒及热敏电阻线路连接步骤见表3-12。

表3-12　打印头加热棒及热敏电阻线路连接步骤

步骤	操作内容	操作图示
1	找到打印头加热棒导线接头	

续表

步骤	操作内容	操作图示
2	将加热棒导线接头接入电源插口旁边的两个孔中，用一字螺丝刀拧紧	
3	找到热敏电阻导线接头	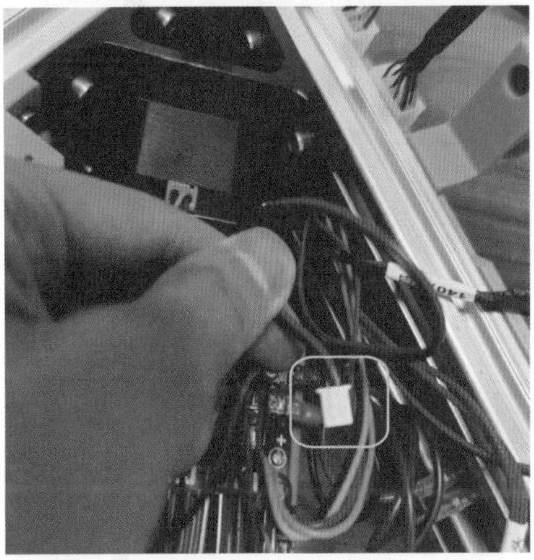
4	将热敏电阻导线接头插入主板相应位置	

6. 连接整机风扇线路

整台3D打印机的风扇分为三部分，分别是打印头喉管风扇、140风扇及主板散热风扇。打印头喉管风扇的作用是控制打印头温度，防止长时间打印导致打印头内部温度过高而使打印头模块融化变形；140风扇的作用是冷却打印模型，防止模型未冷却而变形；主板散热风扇的作用是给主板散热，防止长时间打印时主板温度过高。整机风扇线路连接步骤见表3–13。

表 3–13　整机风扇线路连接步骤

步骤	操作内容	操作图示
1	找到装在打印头模块上的喉管风扇接头	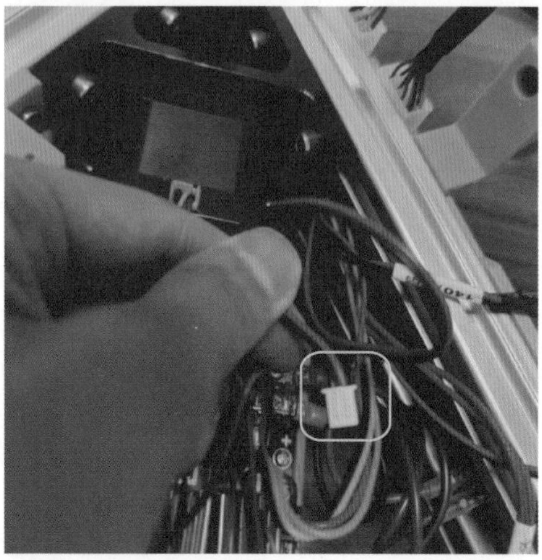
2	将打印头喉管风扇接头插入主板喉管风扇接口中	
3	找到140风扇连接线	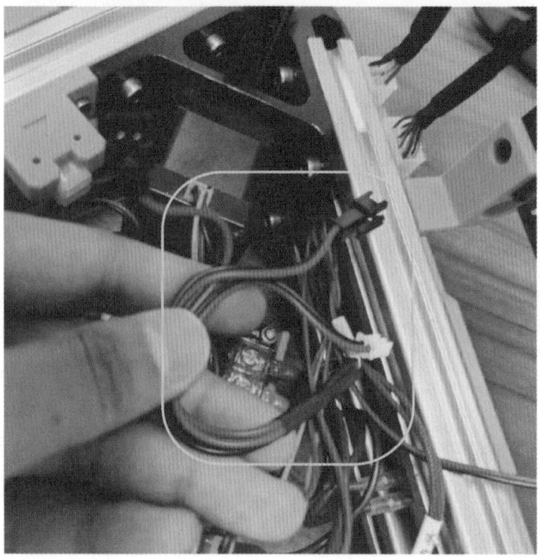

步骤	操作内容	操作图示
4	找到140风扇接头	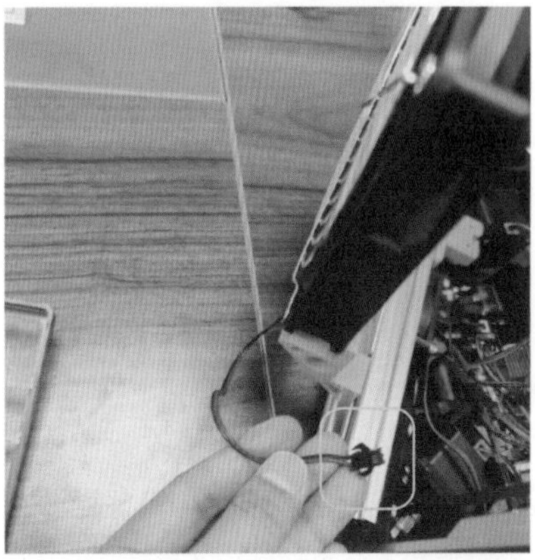
5	将140风扇接头插入连接线接头	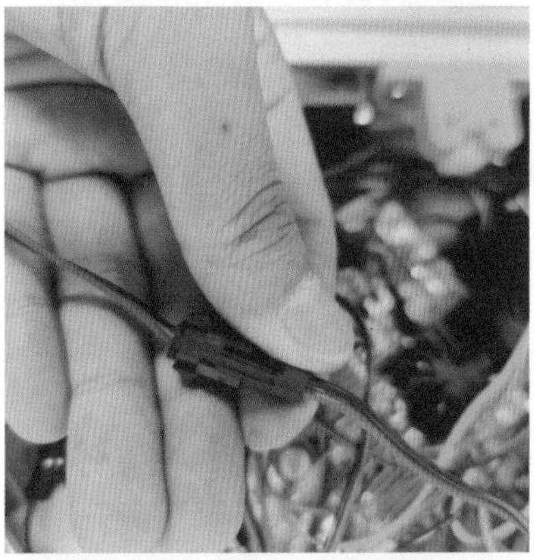
6	将140风扇接头插入主板接口中	
7	找到主板散热风扇线	

续表

步骤	操作内容	操作图示
8	将主板散热风扇线接头插入主板相应位置	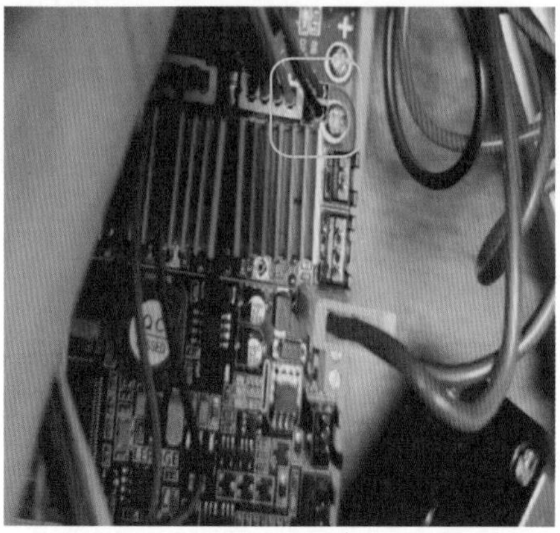

7. 连接轴电动机及限位开关线路

3D打印机一共有4个电动机和3个限位开关。4个电动机分别为X、Y、Z、E轴电动机，它们为3D打印机提供动力。限位开关分别为X、Y、Z轴限位开关，由于E轴为打印机的送料电动机，所以没有配备限位开关，它们的作用是限制打印高度。轴电动机及限位开关线路连接步骤见表3–14。

表3–14　轴电动机及限位开关线路连接步骤

步骤	操作内容	操作图示
1	X、Y、Z轴电动机定义	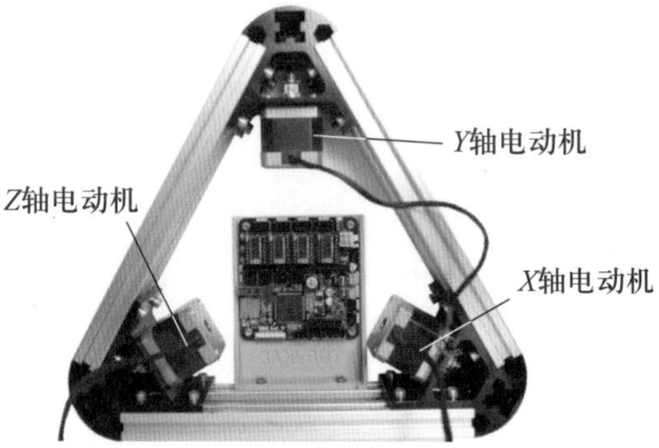
2	分别将X、Y、Z、E轴电动机线插入主板电动机插槽内	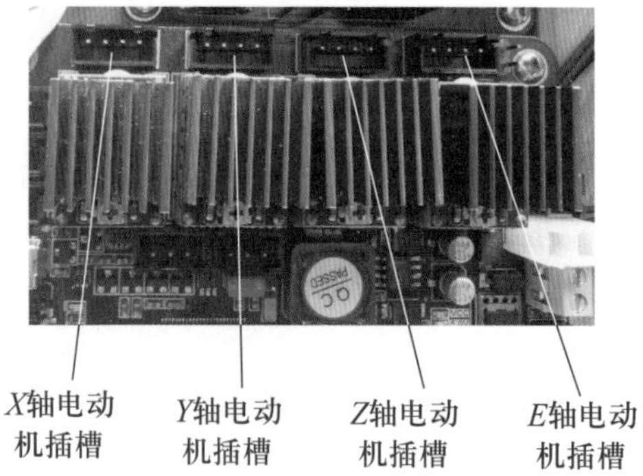

步骤	操作内容	操作图示
3	分别将X、Y、Z轴限位开关接口线对接	
4	分别将X、Y、Z轴限位开关接口插入主板相应插槽内	
5	将所有导线整理好并用扎线带捆扎起来。 注意：因为打印机工作时会产生热量，所以主板位置要空出来，以利于散热	
6	接上热床线路，盖上工作平台	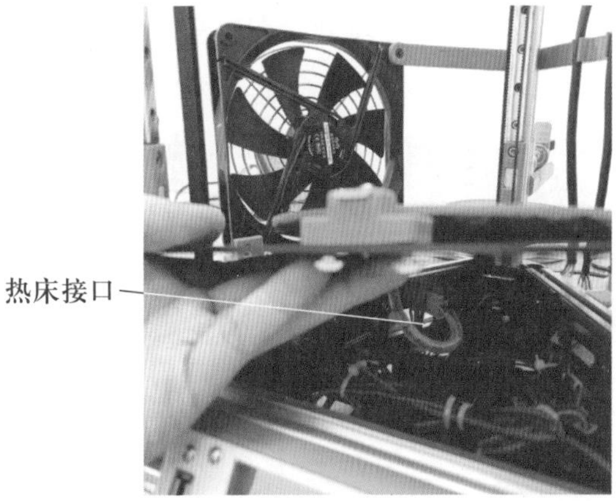

任务评价

请对本任务的完成过程按表3-15中的要求进行自我评价，并写出完成本任务后的收获与体会。

表3-15　任务评价表

序号	评价内容	自我评价
1	连接显示屏线路	□完成　□未完成
2	连接热床模块线路	□完成　□未完成
3	连接主电源线路	□完成　□未完成
4	连接打印头加热棒及热敏电阻线路	□完成　□未完成
5	连接整机风扇线路	□完成　□未完成
6	连接轴电动机及限位开关线路	□完成　□未完成

完成本任务后，你有哪些收获与体会?

任务拓展

写出学校实训室的桌面级3D打印机的型号，查阅相关资料，尝试连接其电路部分，并总结桌面级3D打印机电路部分的连接要求。

项目小结

本项目完成了“组装3D打印机机械部分”及“连接3D打印机电路部分”两个任务。

在“组装3D打印机机械部分”任务中，通过安装下角架主板模块、打印机机架、限位开关、滑轨、LED灯、三轴同步带、接线坞、显示屏、140风扇模块、电源模块、供料系统、打印头模块及其他模块等，学会了桌面级3D打印机机械部分的安装方法。

在“连接3D打印机电路部分”任务中，通过连接显示屏线路、热床模块线路、主电源线路、打印头加热棒及热敏电阻线路、整机风扇线路、轴电动机及限位开关线路等，学会桌面级3D打印机电路部分的连接方法。

思考与练习

1. 结合CANVBOT T600 Ⅱ型3D打印机的组装过程，谈谈你的体会。
2. 查阅资料，谈谈CANVBOT T600 Ⅱ型3D打印机与其他3D打印机相比有哪些优点和不足。
3. 查阅资料，对比国内企业生产的桌面级3D打印机的特点，谈谈你的看法。

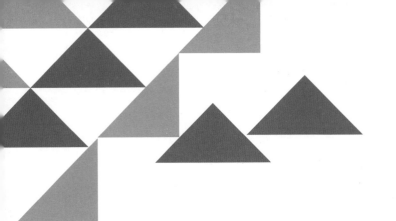

项目四

3D 打印机调试

■ 项目目标

□ 会正确安装打印平台。

□ 能复述打印平台调试操作步骤。

□ 能调试打印平台的水平。

□ 会正确选择打印耗材。

□ 会正确安装打印耗材。

□ 能正确对打印耗材进行进料、退料操作。

□ 养成规范操作、爱护 3D 打印设备的良好习惯。

■ 项目导入

3D打印机组装完成后就可以打印了吗？其实不是，组装完3D打印机后还需要对其进行调试，以提升使用体验和打印质量。图4-1所示为调试3D打印机。

本项目将学习桌面级3D打印机打印平台调平及进料、退料操作。

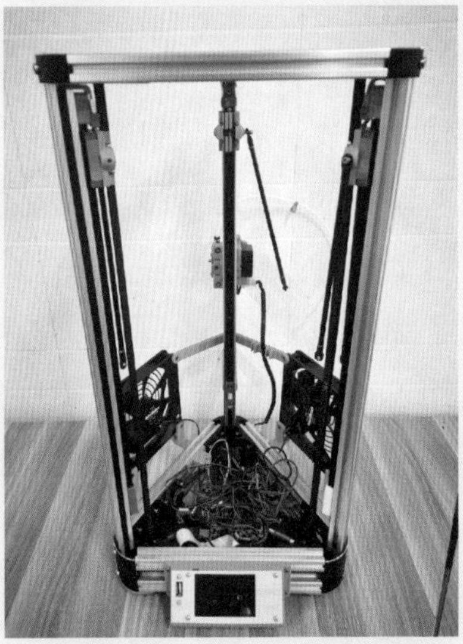

■ 图 4-1　调试 3D 打印机

提示

通过完成本项目的两个任务，达到增材制造设备操作与维护职业技能等级（初级）的以下要求：能进行基本工艺测试及评估、调整设备工艺参数、调试设备达到正常打印状态。

任务1　调试打印平台

任务目标

1. 会正确安装打印平台。
2. 能复述打印平台调试操作步骤。
3. 能调试打印平台的水平。
4. 养成规范操作、爱护3D打印设备的良好习惯。

任务描述

通过完成本任务，知道如何正确安装及调试打印平台。

任务准备

1. 打印平台

打印平台也称为打印床，是进行3D打印时构建物体的平台，如图4-2所示。所有的3D打印机都会有打印平台，尤其是FFF型和FDM型3D打印机。

■ 图4-2　打印平台

打印平台以木材、聚碳酸酯、铝或其他复合材料作为基底，在基底上覆盖一层由铝、玻璃或复合材料制成的打印面板，最常见的是玻璃面板。打印平台上有加热单元，它通常位于玻璃面板下方，使用了加热单元的打印平台称为可加热打印平台。如果用ABS材料进行打印，就一定要配备可加热打印平台。它不仅能保证打印模型保持高温，还能促进模型和打印平台之间的黏合。

2. 打印平台自动调平与调高

调平实际上就是检测喷嘴和打印平台之间的距离，目前各品牌的3D打印机都有自动调平功能。

在常用的资料中，还经常碰到“调高”，它和调平有什么关系？调高就是在确保喷嘴在Z轴固定的情况下，能够在X轴和Y轴的运动范围内保持与打印平台之间的距离不变，简而言之就是调节喷嘴高度。从这一点上讲，调平和调高是一样的。

3. 喷嘴与打印平台的距离对3D打印质量的影响

喷嘴与打印平台之间的距离对黏合与打印件表面质量有较大的影响，若距离大，则黏合较少。当该距离从0.10 mm增加到0.20 mm时，增强的散热将界面结合力从163.58 N减小到100.64 N，减小约38.48%。随着该距离的增加，散热机制也会弱化打印件的力学性能，如由于孔隙率的增加导致拉伸、压缩或弯曲等。考虑到表面质量和强度，研究发现，比较适合的距离为0.10 mm左右。

任务实施

下面以CANVBOT T600 Ⅱ型3D打印机和弘瑞E3型3D打印机为例介绍打印平台调平方法。

1. CANVBOT T600 Ⅱ型3D打印机打印平台安装及调平

（1）打印平台安装

CANVBOT T600 Ⅱ型3D打印机打印平台安装步骤见表4–1。

表4–1 CANVBOT T600 Ⅱ型3D打印机打印平台安装步骤

步骤	操作内容	操作图示
1	找到打印平台模块配件：1块打印平台、3个平台卡扣、6组螺栓和螺母	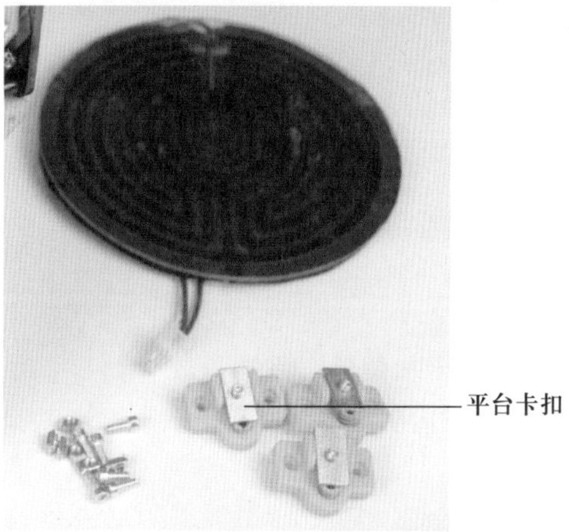
2	分别将平台卡扣扣在打印平台上，平台卡扣间隔约为120°	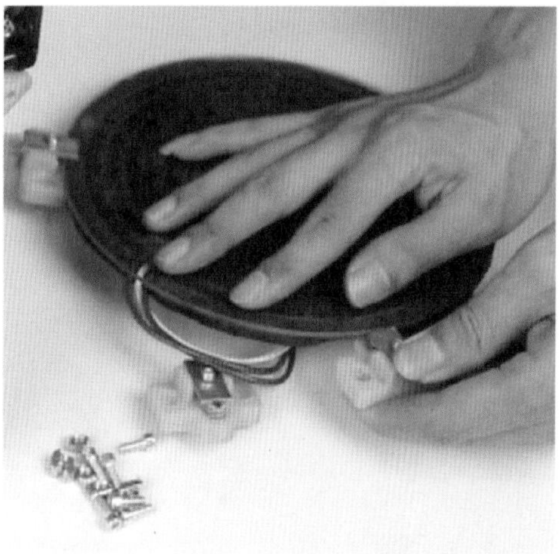

步骤	操作内容	操作图示
3	分别将螺栓、螺母安装在平台卡扣上	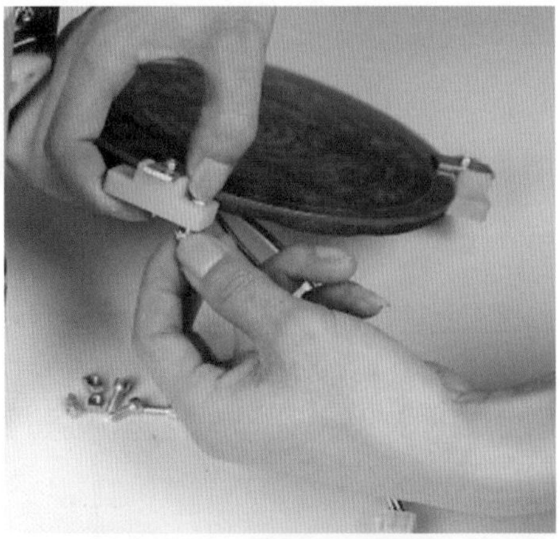
4	将打印平台插头插入打印平台接线坞中	
5	调整平台卡扣位置，将螺母放入型材T形槽内	
6	用内六角扳手分别将6个螺栓拧紧	

（2）打印平台调平

CANVBOT T600 Ⅱ型3D打印机打印平台调平步骤见表4–2。

表4–2　CANVBOT T600 Ⅱ型3D打印机打印平台调平步骤

步骤	操作内容	操作图示
1	在打印平台与喷嘴之间放一张A4纸	
2	通过换料界面调平打印平台对应的四个点位	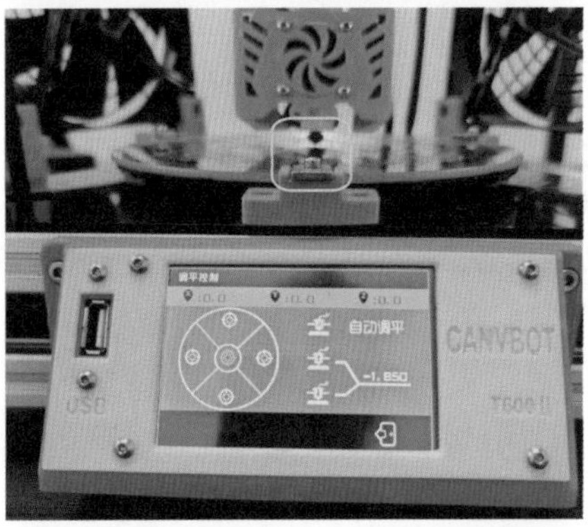
3	将喷嘴依次移动到四个校准点上方	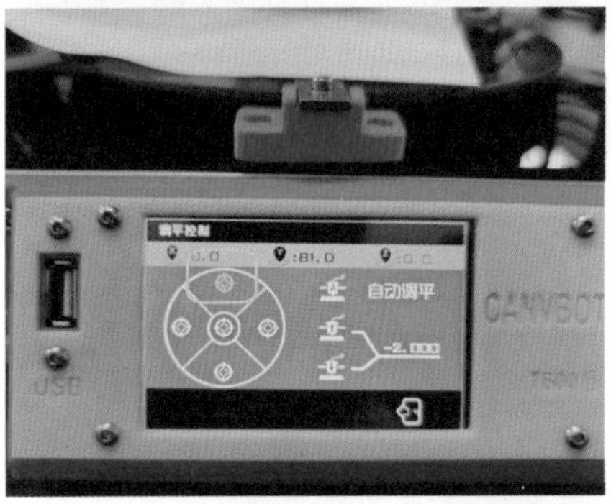
4	当喷嘴与打印平台接触时，平行往外拉动纸张	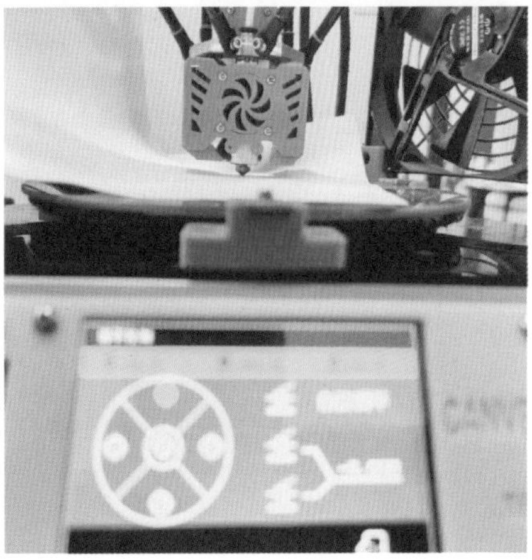

步骤	操作内容	操作图示
5	如果感觉过松或过紧，则利用内六角扳手调整平台卡扣上的螺母来调整平台高度	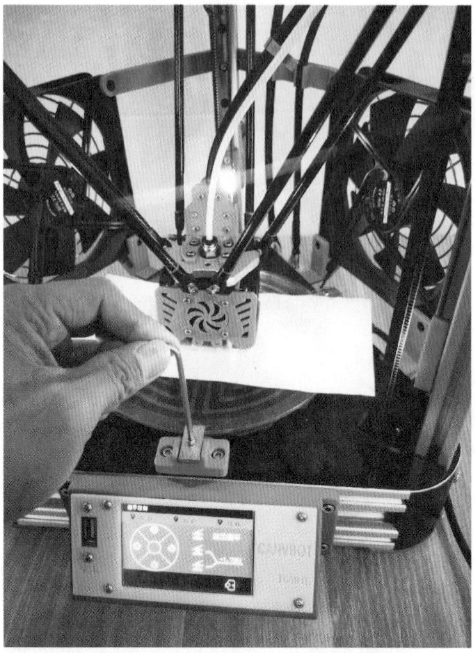
6	若调试距离超越螺栓行程，则在“调平控制”界面的Z轴距离处输入喷嘴到平台的距离，完成喷嘴到平台的高度调整	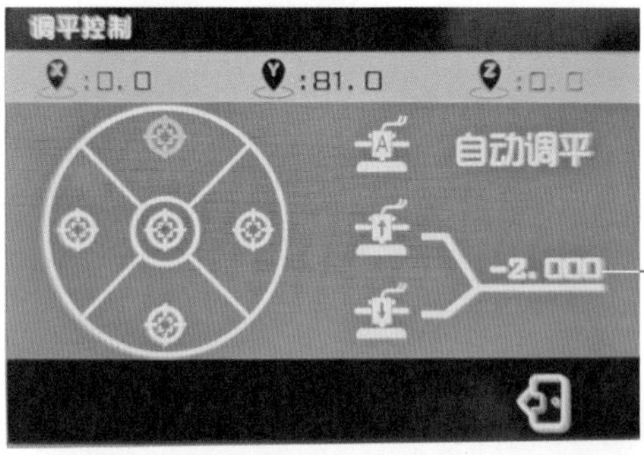
7	来回拉动纸张，感觉纸张与喷嘴接触即可	

注意

打印平台过高导致喷嘴顶住纸张，拉动后纸张破损，如图4-3所示，操作时要注意避免。

■ 图 4-3　喷嘴与纸张距离过近

2. 弘端E3型3D打印机打印平台调平

弘瑞E3型3D打印机与CANVBOT T600 Ⅱ型3D打印机结构有所不同，前者属于龙门架构3D打印机，后者属于DELTA机型（并联臂式）3D打印机。弘瑞E3型3D打印机打印平台由四点支撑，所以它的调平比CANVBOT T600 Ⅱ型3D打印机要容易一些，见表4-3。

表 4-3　弘端 E3 型 3D 打印机打印平台调平步骤

步骤	操作内容	操作图示
1	接通3D打印机电源，切换到换料界面	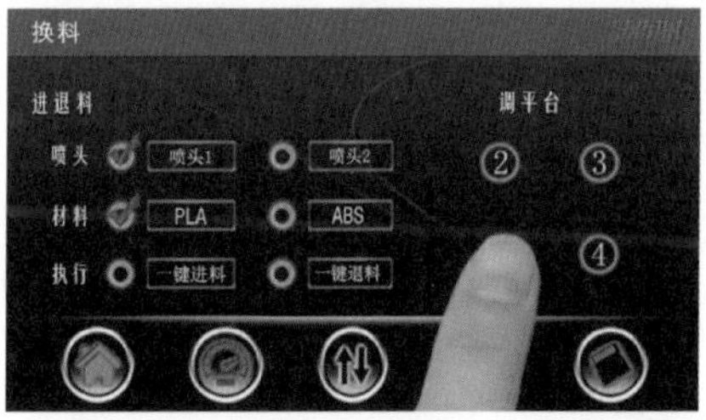
2	在打印平台和喷嘴之间放一张A4纸，通过换料界面“调平台”中的四个点位调整打印平台	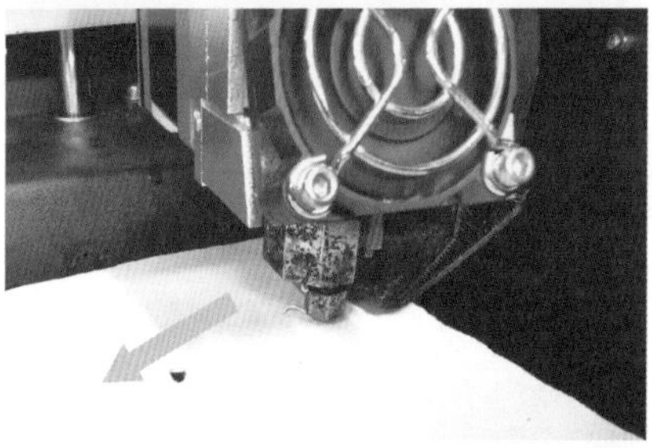
3	打印平台下面有四个调整平台高度的旋钮，转动旋钮可以调整打印平台与喷嘴间的距离。 顺时针转动旋钮，打印平台与喷嘴间的距离变大；逆时针转动旋钮，打印平台与喷嘴间的距离变小	

续表

步骤	操作内容	操作图示
4	打印平台高度调整好后，须对其他几个点的位置进行复验，保证打印平台高度保持一致	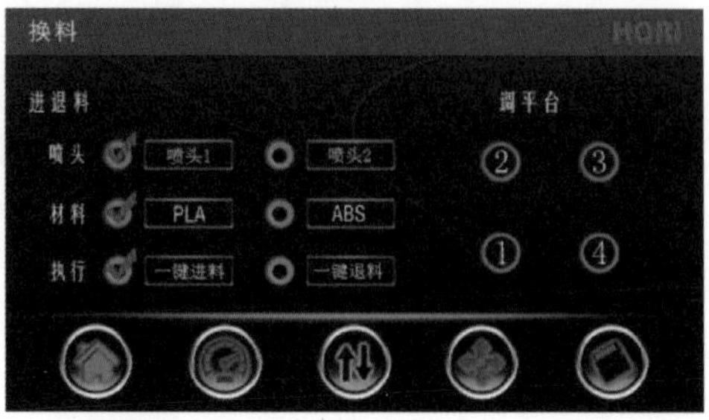

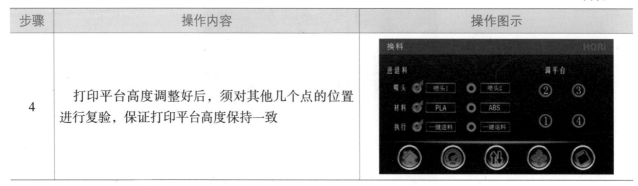

任务评价

请对本任务的完成过程按表4–4中的要求进行自我评价，并写出完成本任务后的收获与体会。

表 4–4　任务评价表

序号	评价内容	自我评价
1	会正确安装打印平台	□完成　□未完成
2	能复述打印平台调试操作步骤	□完成　□未完成
3	能正确调试打印平台的水平	□完成　□未完成

完成本任务后，你有哪些收获与体会？

任务拓展

不同品牌和种类的3D打印机，其打印平台的调试方法略有差异，查阅相关资料，写出两种以上3D打印机打印平台的调试方法。

任务 2　调试进料、退料

任务目标

1. 会正确选择打印耗材。
2. 会正确安装打印耗材。
3. 能正确对打印耗材进行进料、退料操作。

4. 养成规范操作、爱护3D打印设备的良好习惯。

任务描述

通过完成本任务，知道3D打印耗材的相关知识，能根据打印机型号和模型的性能要求合理选择打印耗材，会正确安装打印耗材，能正确对打印耗材进行进料、退料操作。

任务准备

1. 打印耗材种类

3D打印耗材种类很多，如塑料丝、金属丝、石膏粉等，其中丝材通常会缠绕在木制或塑料卷盘上供货，如图4-4所示。

■ 图4-4　3D打印丝材

打印丝材的颜色和尺寸各不相同，丝材的直径一般根据挤出机的尺寸确定，3D打印机上的热端通常只有直径为1.75 mm和3.00 mm两种。每种打印丝材都有不同的特性、对打印平台的要求等，见表4-5。

表4-5　打印丝材

种类	熔点/℃	特点
聚碳酸酯（PC）	155	抗冲击性能强，透明
脂肪族聚酰胺	220	摩擦力小，具有一定柔性
高抗冲聚苯乙烯（HIPS）	180	和ABS相似，但是可以被柠檬烯分解。有时用作支撑材料
丙烯腈-丁二烯-苯乙烯共聚物（ABS）	215	柔软，易于修改
聚对苯二甲酸乙二酯（PET）	210	由食品级基质制成，可完全回收利用
聚乙烯醇缩乙醛（PVA）	180	能在冷水中分解，常用作支撑材料
Laywoo-D3	180	木材混合物，与PLA类似。打印后效果类似于木材
聚乳酸（PLA）	160	植物和生物降解产物

2. 打印丝材选择

打印丝材的选择取决于3D打印机的硬件，如挤出机和热端的尺寸、热端的加热特性、是否有可加热打印平台等。FDM成形工艺最常用的丝材是PLA和ABS，两者的区别见表4-6。

表 4-6　PLA 和 ABS 的区别

项目	PLA	ABS
优点	生物降解材料、环保； 打印产品光泽度高； 流动性好，打印产品不易裂开； 打印面积大的产品不易起翘； 打印过程没有异味	具有优良的力学性能，抗冲击性能极好； 较容易去除支撑
缺点	不易去除支撑； 抗冲击性能较低，强度较低	打印面积大的产品容易起翘； 打印平台需要升温到80~110 ℃； 打印时会有塑胶溶解味道； 打印产品容易开裂，不易黏底，易脱落
喷头温度	200~210 ℃（ϕ1.75 mm） 220~230 ℃（ϕ3.00 mm）	220~230 ℃（ϕ1.75 mm） 230~240 ℃（ϕ3.00 mm）
打印平台温度	50~60 ℃	110 ℃

使用哪种丝材更好呢？如果是3D打印入门者，最好使用PLA丝材，直到掌握了能够保证打印质量的一系列校准技巧为止；如果准备打印一些方便定制或进行表面处理的模型，最好使用ABS丝材。

任务实施

安装打印耗材前，先要检查耗材是否过期，因为过期耗材的强度会明显下降，打印时会断裂，从而造成损失。安装前，可以先折一下耗材，如果很容易折断，则需要更换耗材，使用易折断的耗材会造成材料损耗和时间浪费。3D打印机进料、退料步骤见表4-7。

表 4-7　3D 打印机进料、退料步骤

步骤	操作内容	操作图示
1	逆时针转动料架卡扣上的螺母，取下卡扣	

步骤	操作内容	操作图示
2	将耗材放入耗材架内，耗材卷盘中心孔置于滚珠轴承上	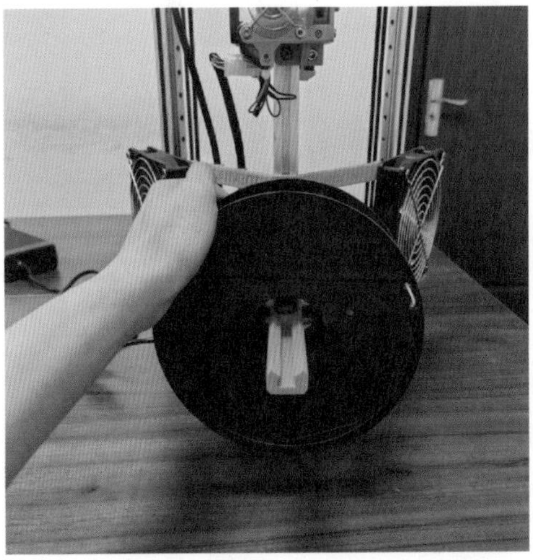
3	装上料架卡扣，顺时针拧紧螺母，检查耗材是否有缠绕或打结	
4	按住松料按钮，将耗材插入进料口，一直插到打印机喷嘴位置	

步骤	操作内容	操作图示
5	切换到“控制打印机”界面，进入“更换打印耗材”界面，按“载入材料”，直到打印机喷嘴出丝，完成进料操作	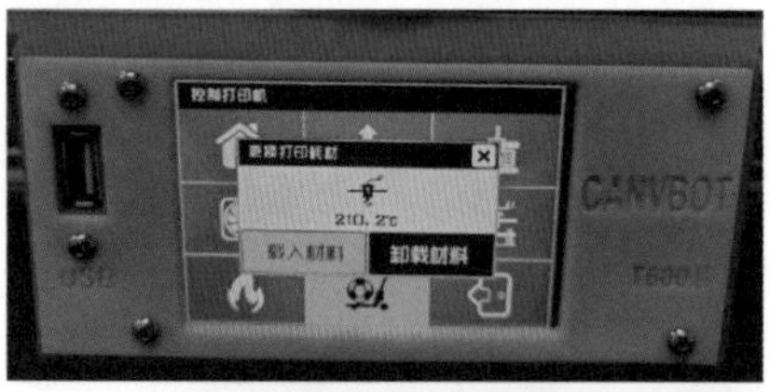 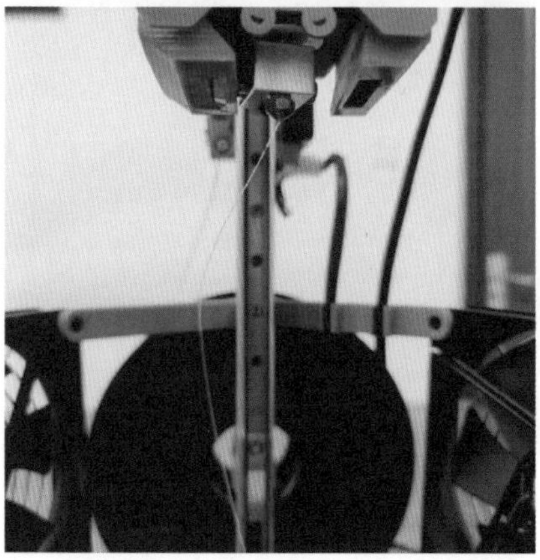
6	在“更换打印耗材”界面中按“卸载材料”，等待耗材退出送料电动机，将退出来的耗材固定在料盘上以便下次使用	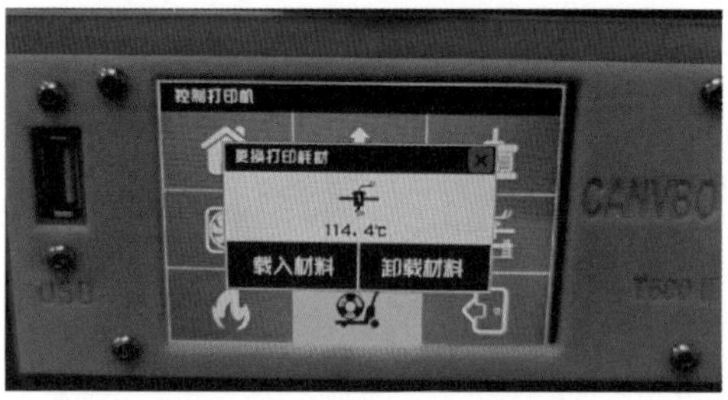

任务评价

请对本任务的完成过程按表4-8中的要求进行自我评价，并写出完成本任务后的收获与体会。

表4-8　任务评价表

序号	评价内容	自我评价
1	会正确选择3D打印机耗材	□完成　□未完成
2	会正确安装打印耗材	□完成　□未完成
3	能正确完成打印耗材进料、退料操作	□完成　□未完成

完成本任务后，你有哪些收获与体会？

任务拓展

在3D打印过程中，正确安装和更换耗材是必须掌握的技能之一，根据本任务的内容，查阅相关资料，结合自己的经验，谈谈安装和更换耗材的注意事项。

项目小结

调试3D打印机是组装3D打印机后必须要做的一项工作。本项目完成了“调试打印平台”及“调试进料、退料”两个任务。

在“调试打印平台”任务中，通过安装打印平台，对打印平台的结构有了更清楚的认识，在此基础上学习调试打印平台水平的方法。

在“调试进料、退料”任务中，通过选择3D打印耗材、安装打印耗材及进料、退料操作等，初步知道安装和更换3D打印耗材的方法。

思考与练习

1. 打印平台调平的实质是什么？
2. 喷嘴与打印平台间的距离对3D打印质量有什么影响？
3. 桌面级3D打印机最常用的丝材是PLA和ABS，它们在使用中各有什么优缺点？

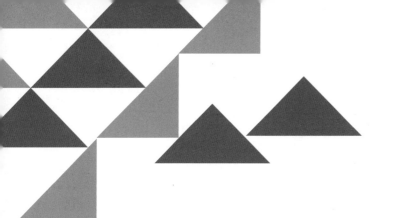

项目五

3D 打印机维护

■ 项目目标

□ 会正确使用工具完成 3D 打印机的清理、上油、清除残料和维护同步带等操作。

□ 能说出打印时常见的问题及解决方法。

□ 会检查与更换送丝轮。

□ 能正确清理 3D 打印机喷嘴。

□ 养成规范操作、爱护 3D 打印设备的良好习惯。

■ 项目导入

3D打印设备经过长期使用后，使用环境的湿度、灰尘、机械磨损等因素都会降低设备稳定性，甚至会导致设备丧失基本的使用功能。此时不论是购买新设备还是停工大修，都会增加成本，影响资源的合理配置。因此，必须科学、合理地定期维护设备，将可能存在的问题消灭在萌芽阶段。图5-1 所示为维护 3D打印机。

本项目将学习维护 3D打印机的步骤及注意事项等。

■ 图 5-1　维护 3D 打印机

提示

通过完成本项目的两个任务，能达到增材制造设备操作与维护职业技能等级（初级）的以下要求：能依据维护手册对设备部件进行日常维护；能按照设备维护规程对设备进行正确清洁；能按照使用环境要求进行环境温湿度控制。

任务1 放置维护

任务目标

1. 会正确使用工具完成3D打印机的清理、上油、清除残料和维护同步带等操作。

2. 养成规范操作、爱护3D打印设备的良好习惯。

任务描述

通过完成本任务，知道如何保存长期不使用的3D打印机，如何进行3D打印机的清理和上油，如何清除3D打印机中的残料，以及如何维护3D打印机的同步带。

任务准备

3D打印机内部有各类电路，如果存放环境过于潮湿，会导致电路氧化、腐蚀，严重时还会造成短路。如果3D打印机长期不使用，则需要将其放置在通风、阴凉、干燥和无尘的环境中，用塑料袋装起来或用防尘布盖起来，防止灰尘进入打印机内部。

一般每个月都要维护一次3D打印机（各部分的维护频率因机型不同而有所不同），清理灰尘，为光杠、轴承、丝杠等摩擦运动部件上油，清除送丝轮上的残料，去除喷嘴上的废料等。

1. 3D打印机的清理

3D打印机的清理主要是指清理3D打印机上的灰尘和碎屑，保证它能正常使用。

（1）清理框架和打印区域

3D打印机的框架有开放式和封闭式两种，如果是开放式结构，就可以用吸尘器来清理灰尘，或用压缩空气吹掉灰尘。不建议使用吸尘器上的除尘刷清理裸露的电路和接口，因为这样做可能会产生静电。另外，要避免在清理过程中误将机构上的润滑油脂清除掉。对于封闭式结构或整体框架结构，可以用除尘布（如除尘掸子或除尘手套等）擦掉灰尘。注意，不要用除尘掸子清理电路部分，因为这样做也可能会产生静电，从而损伤电路元件，清理电路最好使用罐装压缩空气。

对于打印区域的碎屑，最好用罐装压缩空气或压缩机来清理，使用吸尘器清理可能会产生静电。

（2）清理电路

若3D打印机的电路中堆积过多的灰尘和碎屑，则可能会导致电路在工作过程中出现过热现象，从而使电路出现故障。一般用压缩空气来清理电路板，它能有效清除电路板表面的灰尘和小杂物，若有吹不动或较大体积的杂物，则可用防静电镊子清除。

（3）清理光杠和丝杠

光杠和丝杠的表面通常带有一层润滑油脂，因此很容易积累灰尘和杂物，在清理3D打印机时，光杠和丝杠是最需要清理的零部件之一。

若3D打印机的光杠暴露在外，则一般至少每周检查一次；若它位于内部，则清理的频率可以低一些。

清理3D打印机的丝杠比清理光杠要复杂得多，所以清理的频率不需要与光杠一样，可以当油脂的润滑作用变差或积累较多灰尘时再清理。

2. 耗材维护

耗材一般具有一定的吸潮性，不能长时间暴露在空气中。如果耗材受潮，就会影响打印质量，也有可能会在打印中途出现断料现象，导致打印失败。因此，如果两次打印的时间间隔较长，则建议将耗材装袋并放入干燥剂保存。

任务实施

1. 3D打印机的清理和上油

一般一个月左右需要清理一次3D打印机，清理完成后需要对运动部件进行上油润滑，保证3D打印机能正常使用，其操作步骤见表5–1。

表5–1　3D打印机的清理和上油操作步骤

步骤	操作内容	操作图示
1	准备无纺布和无水乙醇	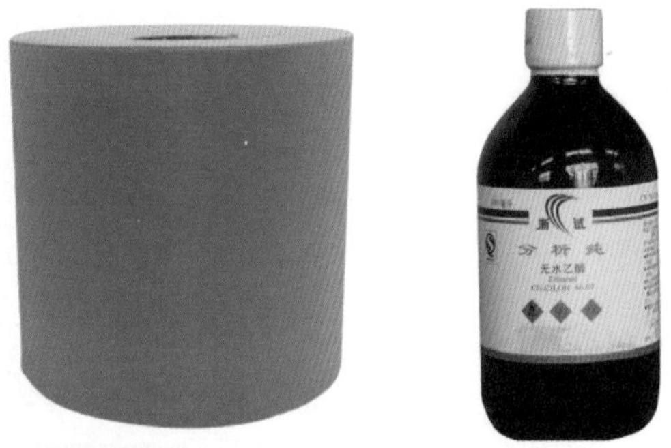
2	使用高压气枪清理电气元件上的灰尘	

步骤	操作内容	操作图示
3	用无纺布擦拭打印机外表面，如果有难以擦掉的油污，可以在无纺布上倒一些无水乙醇进行擦拭	
4	在无纺布上倒一些乙醇，将X、Y、Z轴的光杠擦拭干净，因为光杠上的油污会增加移动时的阻力，还会造成模型分层或错位	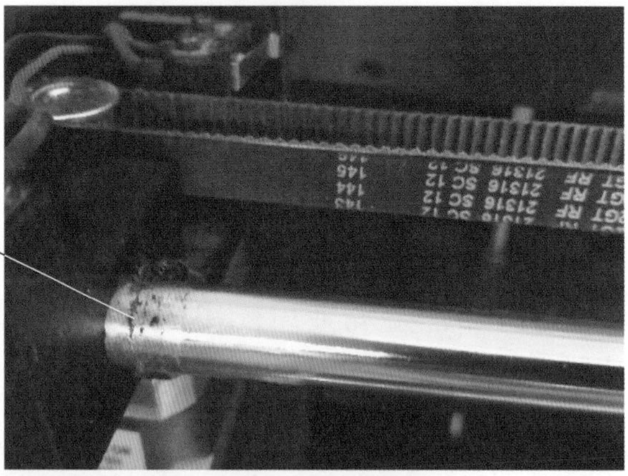
5	切换到“移轴”界面，往下移动Z轴，露出Z轴进给丝杠，用无纺布将丝杠上的油污擦拭干净	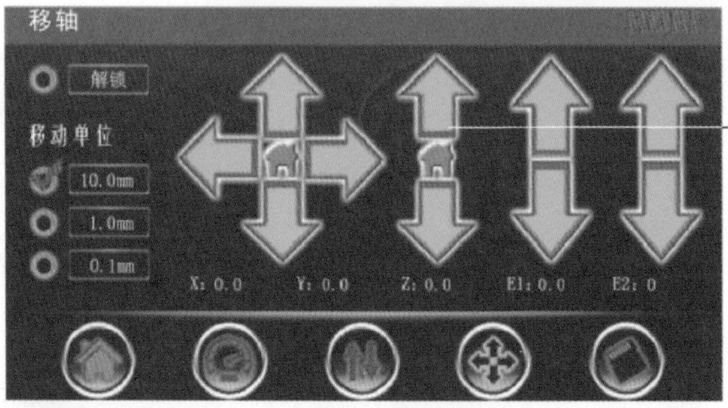 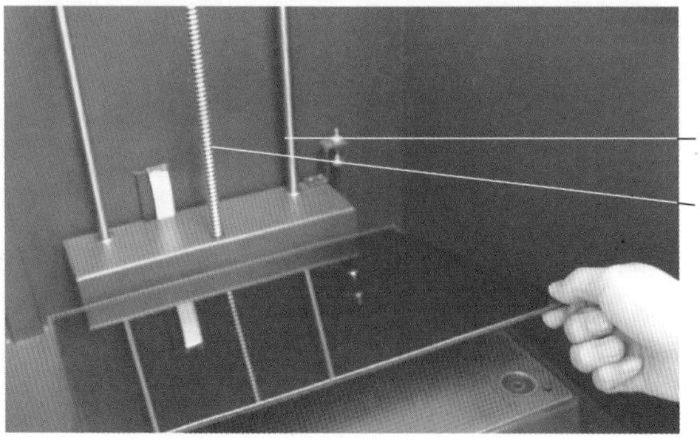

续表

步骤	操作内容	操作图示
6	将黄油或机油涂在丝杠、轴承和光杠等金属运动部件上，按“平台移动”键，将润滑油涂抹均匀。涂润滑油时，不能让润滑油滴到同步带上，以防润滑油腐蚀同步带	

2. 3D打印机的残料清除

3D打印机的残料清除工作主要涉及三个方面：① 对于送丝轮上的残料，如果不及时清除，打印时就不能及时供丝，从而导致打印失败。② 打印喷头和加热块上会有一些残料黏附在上面，这些残料经过长时间的高温烘烤会变成黑色污垢，工作时会产生有害气体，需要及时清除。③ 打印完成后会有一些余料黏在打印平台上，如不及时清除，二次打印时材料就不能有效黏在打印平台上，从而导致打印失败。

3D打印机残料清除操作步骤见表5-2。

表5-2　3D打印机残料清除操作步骤

步骤	操作内容	操作图示
1	清除送丝轮上的残料。用内六角扳手拆除前风扇4个螺栓，取下风扇，清除送丝模块内部残料，检查压丝轮是否正常，清除完毕装上风扇	 

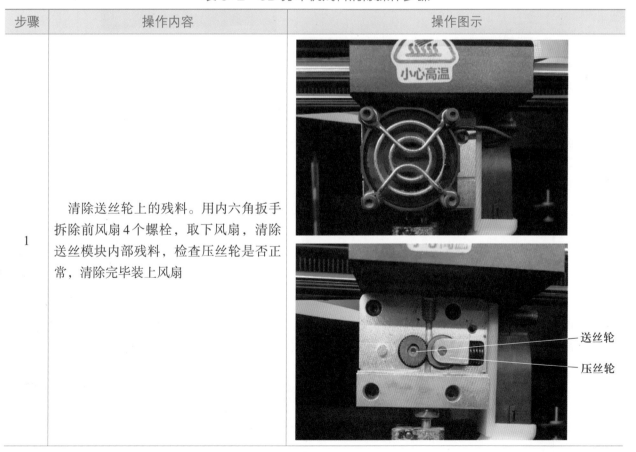

续表

步骤	操作内容	操作图示
2	将打印温度调整至200 ℃，使用镊子、尖嘴钳等工具刮除喷嘴、加热块表面的污垢。操作时避免用手直接碰触这两个部件，以免被烫伤	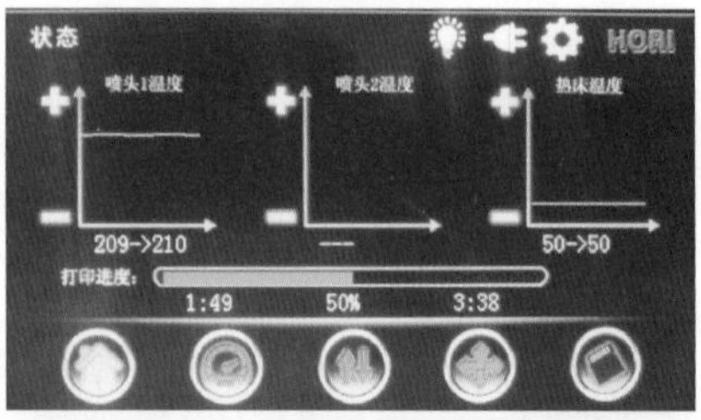
3	用热水冲洗打印平台，等胶融化后再用铲刀清除残料，然后用无纺布擦拭干净。用铲刀铲除残料时不能用力过大，会破坏打印平台玻璃	

3. 3D打印机同步带的维护

3D打印机依靠同步带传递运动。同步带的材料主要是橡胶，长时间工作会变形拉长，影响打印质量。3D打印机操作者要学会不同类型同步带的维护方法。龙门结构3D打印机同步带维护操作步骤见表5-3，并联臂式3D打印机同步带维护操作步骤见表5-4。

表5-3　龙门结构3D打印机同步带维护操作步骤

步骤	操作内容	操作图示
1	用尺子判断同步带松紧度，若两条同步带间的距离超过2.5 cm，则说明同步带过松，需要收紧	

步骤	操作内容	操作图示
2	用内六角扳手松开同步带压块，然后将同步带向反方向收紧，再拧紧螺钉	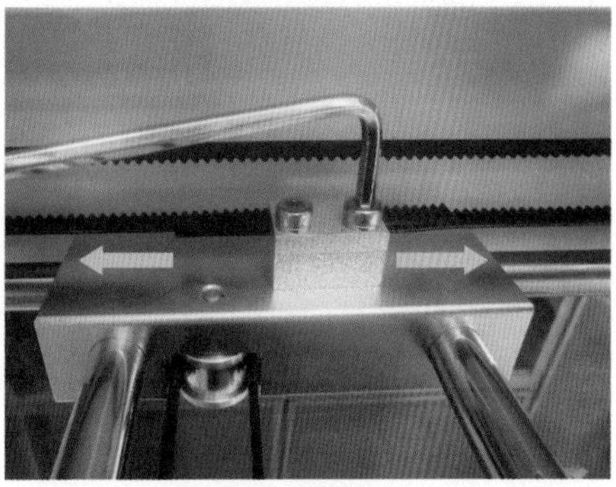

表 5-4　并联臂式 3D 打印机同步带维护操作步骤

步骤	操作内容	操作图示
1	用尺子判断同步带松紧度，若两条同步带间的距离超过3.5 cm，则说明同步带过松，需要收紧	
2	先拆下同步带张紧弹簧，再拆下同步带上端，用尖嘴钳用力拉紧同步带，再将同步带嵌入固定器槽内	
3	在距同步带固定器下方3~5 cm处装上同步带张紧弹簧	

任务评价

请对本任务的完成过程按表5–5中的要求进行自我评价，并写出完成本任务后的收获与体会。

表5–5　任务评价表

序号	评价内容	自我评价
1	能说出3D打印机的清理部位	□完成　□未完成
2	能正确对3D打印机进行清理	□完成　□未完成
3	能说出3D打印机的润滑部位	□完成　□未完成
4	能正确对3D打印机进行润滑	□完成　□未完成
5	能正确清除3D打印机残料	□完成　□未完成
6	能正确张紧3D打印机的同步带	□完成　□未完成
完成本任务后，你有哪些收获与体会？		

任务拓展

3D打印机在不使用时的维护看似简单，其实需要耗费的精力比想象中要多。查阅相关资料，列举4种以上维护内容，并把操作步骤记录下来。

任务2　打 印 维 护

任务目标

1. 能说出打印时常见的维护问题及解决方法。
2. 会检查与更换送丝轮。
3. 能正确清理3D打印机喷头。
4. 养成规范操作、爱护3D打印设备的良好习惯。

任务描述

通过完成本任务，掌握3D打印机在使用过程中常见的维护问题及解决方法，会检查与更换送丝轮，能正确清理3D打印机喷头。

任务准备

1. 检查内容和频率

对于新的3D打印机，建议每次打印前都检查一遍。随着操作者对打印机越来越熟悉，检查的频率可以适当降低，但检查工作仍旧不可缺少。3D打印机的检查对象、内容和频率见表5–6。

表5–6　3D打印机的检查对象、内容和频率

检查对象	检查内容	新的3D打印机	低使用量的3D打印机	可靠性高的3D打印机
框架	检查螺栓是否松脱或错位	每次打印前	打印3或4次后	移动打印机位置后
轴	检查传动结构是否出现松脱或错位	每次打印前	每个月	移动打印机位置后
打印丝材	测量丝材的直径	每次打印前	打印3或4次后	根据打印丝材质量决定
挤出机	检查是否有螺栓松脱、零部件开裂、送丝轮堵塞、齿轮磨损等情况	每次打印前	每次打印前	每次打印前
同步带	检查同步带的松紧度	每次打印前	每天第一次打印前	每个月
接线	检查接头是否松脱或断裂	每次打印前	每天第一次打印前	每天第一次打印前
打印平台	检查打印平台表面是否存在磨损或损伤	每次打印前	每次打印前	每次打印前

2. 调整内容和频率

3D打印机在使用过程中需要定期进行细微调整，但不需要在每次打印之前都进行调整。对于可靠性较高的3D打印机，可以按需要进行相应调整。调整的频率直接影响打印机的工作质量。3D打印机的调整对象、内容和频率见表5–7。

表5–7　3D打印机的调整对象、内容和频率

调整对象	调整内容	新的3D打印机	低使用量的3D打印机	可靠性高的3D打印机
打印平台水平	将打印平台调节至与X轴和Y轴平行	每天	每周	更换打印平台或表面后
轴	检查传动结构是否出现松脱或错位	每次打印前	每个月	移动打印机位置后
打印丝材	测量丝材的直径	每次打印前	打印3或4次后	根据打印丝材质量决定
挤出机	检查是否有螺栓松脱、零部件开裂、送丝轮堵塞、齿轮磨损等情况	每次打印前	每次打印前	每次打印前

任务实施

1. 打印时的常见维护

问题一：使用频率较高的3D打印机，经常会遇到前一次没打印完的耗材留在喷嘴中，但下一次打印的耗材颜色不一样，导致打印出来的模型前面有其他颜色，影响模型的美观性，怎么去除打印喷嘴中的残料呢？

答：如果需要更换整卷丝，打印前可以先进行退丝操作，退完丝后，留在打印喷嘴中的残料已经很少了，再用所需要的耗材进丝，直至喷出新料为止。如果只有料头留在喷嘴中，退丝操作无法使料头退出，就将新料直接插入进料口，当温度加热到210 ℃左右时，喷嘴中融化的料头就会被喷出，直到喷出新料为止。

问题二：打印过程中如何判断耗材是否能满足模型打印要求？打印过程中可以换丝吗？

答：1 kgPLA耗材长约300 m，1 kgABS耗材长约380 m，切片处理时，软件可以计算打印模型所需要耗材的质量和长度，可以在耗材盘上记录剩余耗材的质量和长度，保证打印时耗材足够。也可以使用电子秤对耗材进行称重，判断其是否满足模型打印要求。

打印过程中是可以换丝的，但必须是同种耗材，颜色可以不同。换丝过程需要手动完成，当旧材料即将耗尽或已到模型换丝点，马上手动插入新料，当新料进入送丝轮后即可松手。

问题三：打印过程中能触碰打印头或打印平台、能阻碍打印头移动、能拔掉存储卡吗？

答：不能。3D打印是一个连续的过程，如果打印过程中触碰打印头或打印平台，模型位置就发生了变化，会导致模型上下偏移。打印模型时，主要靠打印头移动喷丝完成打印，如果阻碍了打印头移动，肯定无法完成打印任务。3D打印机在工作中会实时读取存储卡中的代码数据，如果工作中拔掉存储卡，打印机得不到数据就会造成打印失败。但目前有些先进打印机带有存储功能，可以拔卡打印。

2. 检查与更换送丝轮

3D打印机进行进料操作时，如果出现喷嘴没有出料或出料有间断、出料不稳定，或用手捏住料丝就能轻松停止下料的情况，就可以判断送丝轮上有耗材碎屑或送丝齿轮磨损。送丝轮检查与更换操作步骤见表5-8。

表5-8 送丝轮检查与更换操作步骤

步骤	操作内容	操作图示
1	用2.5 mm内六角扳手拧开送料器盖螺钉	

步骤	操作内容	操作图示
2	用2.5 mm内六角扳手拧下散热块螺钉，取下散热块	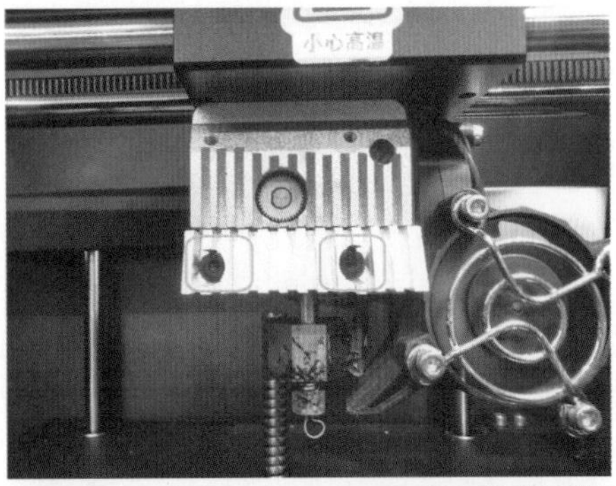
3	检查喷嘴进料口是否被残料堵塞	
4	取下喉管，用3 mm内六角扳手拧下送料器螺钉，用钳子或9 mm套筒拧下进料铜嘴。 拧下送料器螺钉时需注意避免打印头部件坠落砸坏打印平台	铜嘴 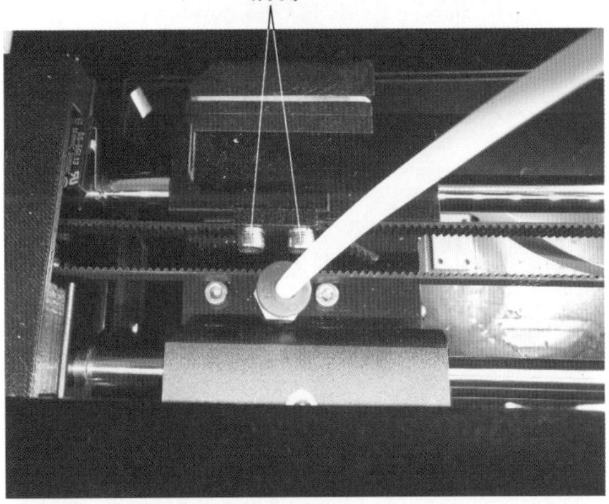
5	用2.5 mm内六角扳手拧下电动机和送料器的连接螺钉，然后用手推出电动机	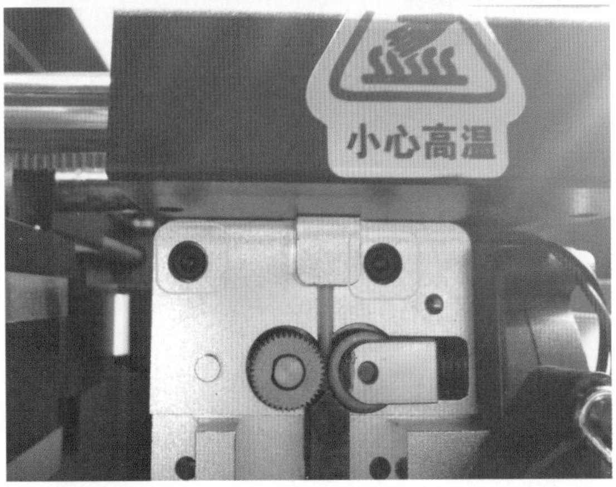

续表

步骤	操作内容	操作图示
6	用1.5 mm内六角扳手拧下送丝轮顶部螺钉，检查送丝轮是否磨损，如已磨损，则更换新的送丝轮，换好后装上送料器，检查打印机运行是否正常	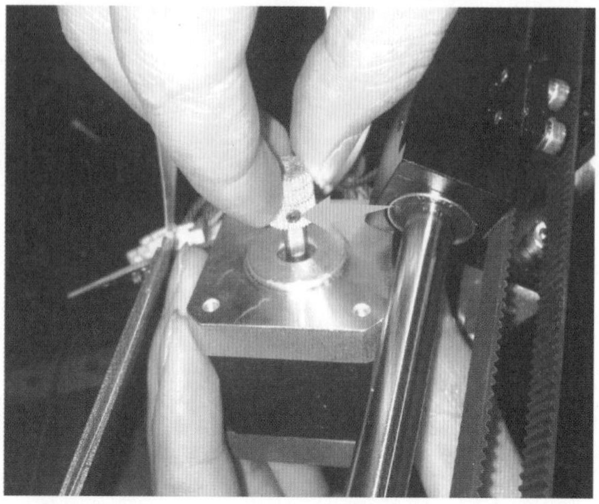

在正常情况下，更换送丝轮后即可解决喷嘴不出料的问题，如检查发现送丝轮没有磨损，送丝电动机工作也正常，但还是不出料，则可能是喷嘴被残料堵塞，需要更换喷嘴。更换喷嘴操作步骤见表5–9。

表5–9　更换喷嘴操作步骤

步骤	操作内容	操作图示
1	开机，将喷头温度升高到200 ℃	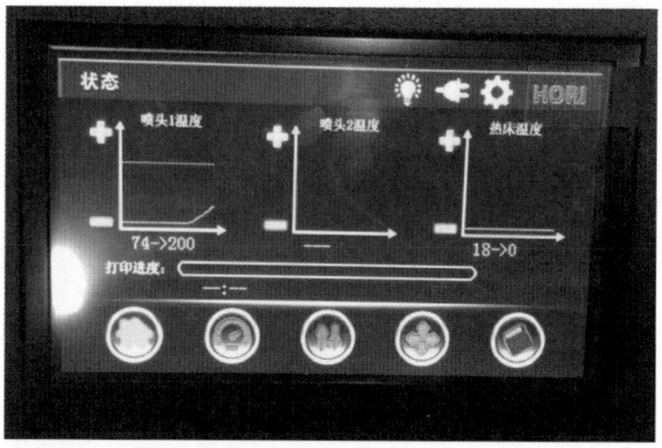
2	使用工具盒中的套筒按照图示箭头方向取下喷嘴，然后降低温度	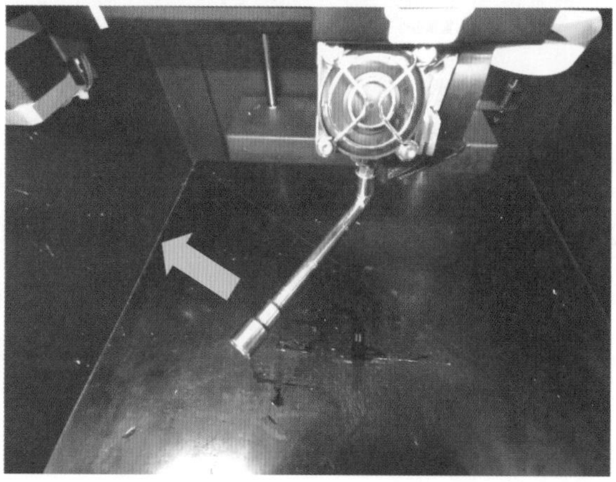

续表

步骤	操作内容	操作图示
3	检查喷嘴进料口是否被残料堵塞	
4	打印头温度降低后，将新的喷嘴拧在加热块上	
5	将打印头温度升高到100 ℃，使用套筒按照图示箭头方向拧紧喷嘴	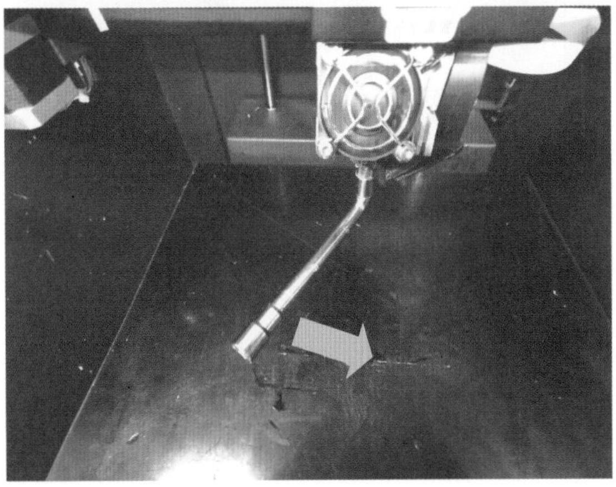

3. 清理3D打印机喷头

每次使用完3D打印机后，最好能清理喷头。清理喷头可以避免使用过程中喷出两种不同颜色的材料，提高喷头的使用寿命。3D打印机喷头清理步骤见表5–10。

表 5-10　3D 打印机喷头清理步骤

步骤	操作内容	操作图示
1	准备一段PLA丝材	
2	打开打印机，加热喷头	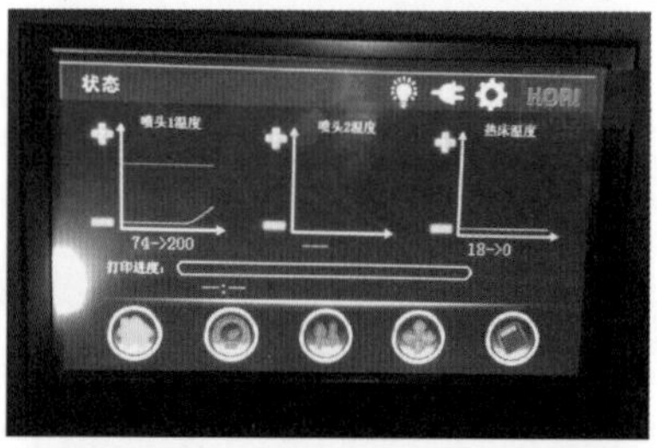
3	将准备好的PLA丝材插入送料器进料口，直到喷嘴喷出丝材	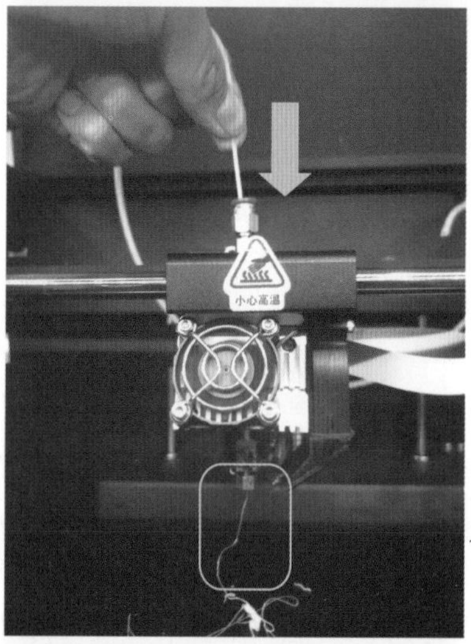
4	快速将丝材从进料口抽出，用剪刀剪去前面融化的部分，重复以上操作4或5次就能清理喷头内的残料	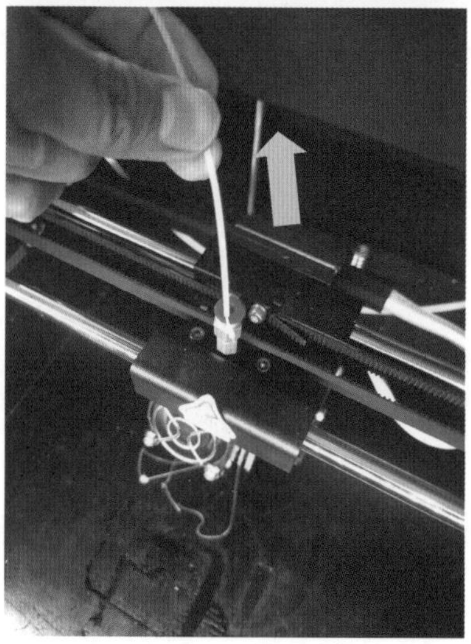

任务评价

请对本任务的完成过程按表5-11中的要求进行自我评价，并写出完成本任务后的收获与体会。

表5-11 任务评价表

序号	评价内容	自我评价
1	能说出打印时常见的维护问题及解决方法	□完成 □未完成
2	会检查与更换送丝轮	□完成 □未完成
3	能正确清理3D打印机喷头	□完成 □未完成

完成本任务后，你有哪些收获与体会？

任务拓展

3D打印机在使用过程中的维护比较复杂，需要平时多观察、勤记录。查阅相关资料，列举4种以上使用过程中的维护内容，并把操作步骤记录下来。

项目小结

3D打印机的维护不但要多学习，更要多观察、勤记录。本项目完成了“放置维护”和“打印维护”两个任务。

在“放置维护”任务中，主要学习了3D打印机在不使用状态下的维护内容，包括清理、上油、清除残料和维护同步带等。

在“打印维护”任务中，主要学习了3D打印机在使用过程中的维护内容，包括如何解决常见的维护问题，如何检查与更换送丝轮及如何清理3D打印机喷头等。

思考与练习

1. 清理3D打印机的电路部分时需要注意什么？
2. 清理光杠和丝杠有什么不同？
3. 查阅相关材料，写出检查传动结构是否出现松脱的步骤。
4. 查阅相关材料，写出调整Z轴高度的方法和步骤。

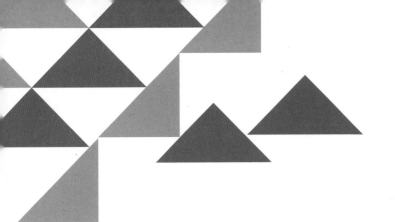

项目六

3D 打印机排故

■ 项目目标

☐ 能排除测温异常故障。

☐ 能排除开机后升温异常故障。

☐ 能排除风扇异常故障。

☐ 知道特氟龙管的作用。

☐ 能正确更换特氟龙管。

☐ 能排除模型错位故障。

☐ 会排除打印前设备无法上料的故障。

☐ 会排除断料检测故障。

☐ 养成规范操作、爱护 3D 打印设备的良好习惯。

■ 项目导入

3D打印机一旦出现故障，它所打印的产品也会出现问题，不仅浪费时间，也浪费打印材料。图6-1所示为正在排除3D打印机的故障。

本项目将学习3D打印机出现故障时的检查与排除方法。

■ 图 6-1　正在排除 3D 打印机的故障

提示

通过完成本项目的四个任务，达到增材制造设备操作与维护职业技能等级的以下要求：（1）初级，能看懂设备故障提示，能判断设备常见故障；（2）中级，能对设备和操作软件简单的常见故障进行诊断，能使用常用电子仪表判断设备的电路故障并处理，能对设备进行非精密元器件更换与一般调试。

任务1　排除温度异常故障

任务目标

1. 能排除测温异常故障。
2. 能排除开机后升温异常故障。
3. 能排除风扇异常故障。
4. 养成规范操作、爱护3D打印设备的良好习惯。

任务描述

通过完成本任务，知道测温异常、开机后升温异常的原因并能排除该故障，以及风扇异常的后果和排除该故障的方法。

任务准备

1. 温度传感器

温度传感器是能感受温度并将其转换成可用输出信号的传感器。它是温度测量仪表的核心部分，品种繁多，按测量方式可分为接触式和非接触式两大类，按照传感器材料及电子元件特性分为热电偶式和热敏电阻式两类。3D打印机的热敏电阻是一个温度传感器，可检测热度及冷度并将其转换为电信号。3D打印机安装了100 K的NTC热敏电阻和12 V的加热棒，当二者其一损坏时，打印头的温度反馈都会不正常，从而影响打印机的操作。

2. 热敏电阻

热敏电阻（图6-2）用半导体材料制成，大多为负温度系数，即阻值随温度增加而降低，因此它是最灵敏的温度传感器。但热敏电阻的线性度极差，并且与生产工艺有很大关系。

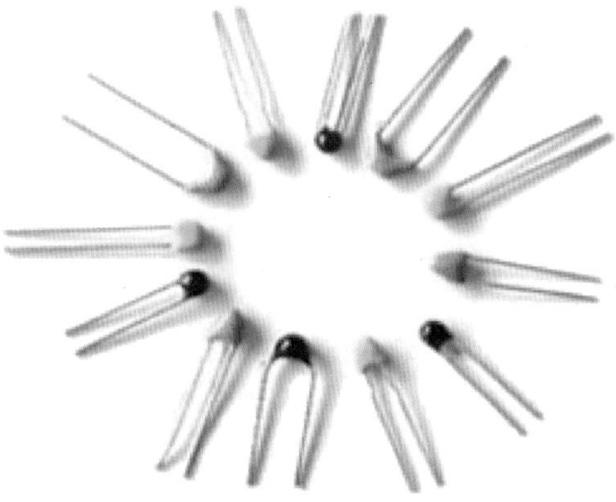

■ 图6-2　热敏电阻

热敏电阻体积非常小，对温度变化的响应快。但热敏电阻需要使用电流源，小尺寸也使它对自热误差极为敏感。由于热敏电阻是一种电阻性器件，任何电流源都会在其上因功率而造成发热，因此要使用小的电流源。如果热敏电阻暴露在高热中，将导致永久性损坏。

热敏电阻可用不同的材料封装，如环氧树脂、

SMD、玻璃等。其中用隔热玻璃封装的热敏电阻称为玻封热敏电阻，因为玻璃隔热，所以玻封热敏电阻不受外界温度的影响，大大提高了控制的灵敏度和精确度。

任务实施

1. 测温异常

打开3D打印机，显示屏显示报警信息，提示环境温度过低，如图6-3所示，出现这个报警信息的原因在于热敏电阻。热敏电阻损坏或热敏电阻连接线损坏都会产生这个报警，检查并排除测温异常故障的操作步骤见表6-1。

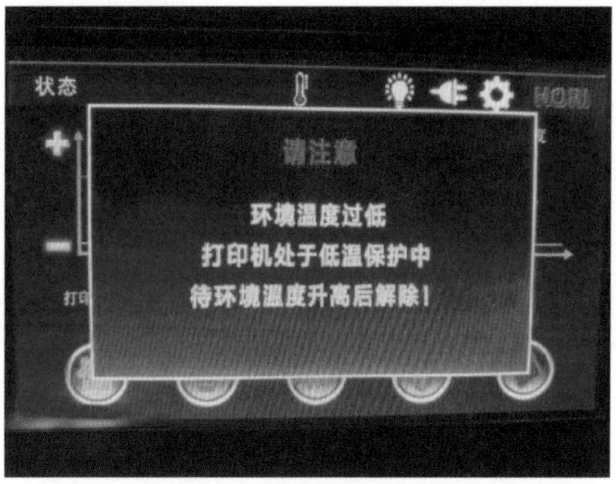

■ 图6-3　温度报警

表6-1　检查并排除测温异常故障的操作步骤

步骤	操作内容	操作图示
1	用内六角扳手拆掉电路保护罩	
2	检查热敏电阻插头是否松动	

续表

步骤	操作内容	操作图示
3	剪断扎线带	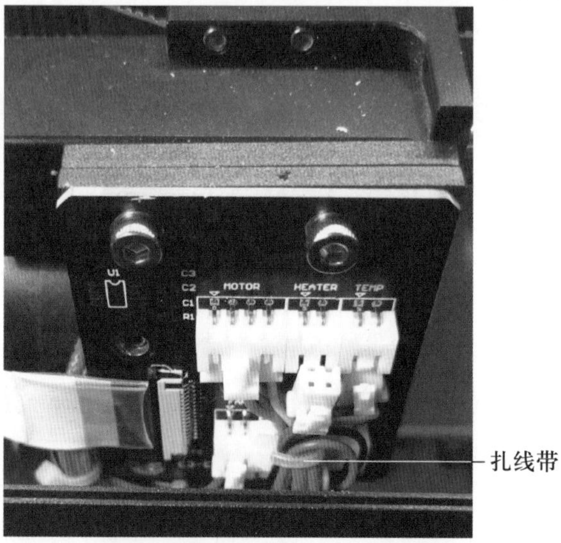
4	用内六角扳手松开热敏电阻夹紧螺钉	
5	拆下热敏电阻，检查是否损坏，如损坏，则更换新的热敏电阻	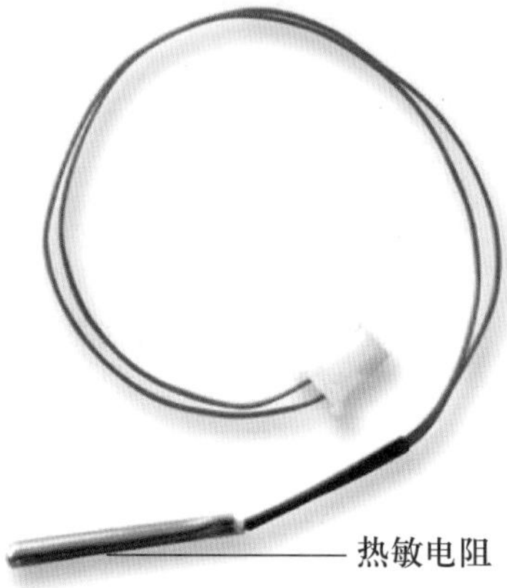

2. 开机后设备升温异常

3D打印机开机后设置打印头加热温度，但“喷头温度”始终停留在20 ℃，如图6–4所示，打印头表面实际温度也未升高，可以判断加热棒存在故障。排除加热棒故障操作步骤见表6–2。

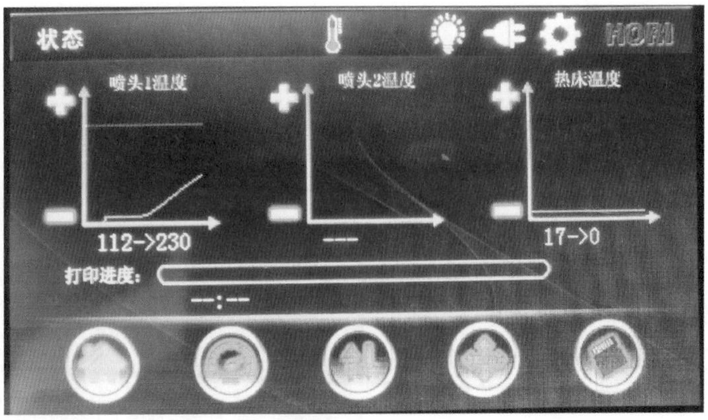

■ 图 6-4　温度界面

表 6-2　排除加热棒故障操作步骤

步骤	操作内容	操作图示
1	用内六角扳手拆掉电路保护罩	
2	检查加热棒插头是否松动	

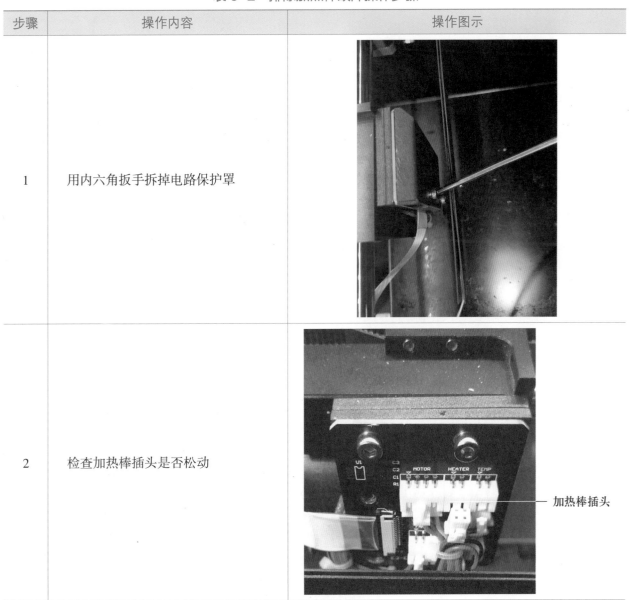

步骤	操作内容	操作图示
3	用内六角扳手松开加热棒夹紧螺钉	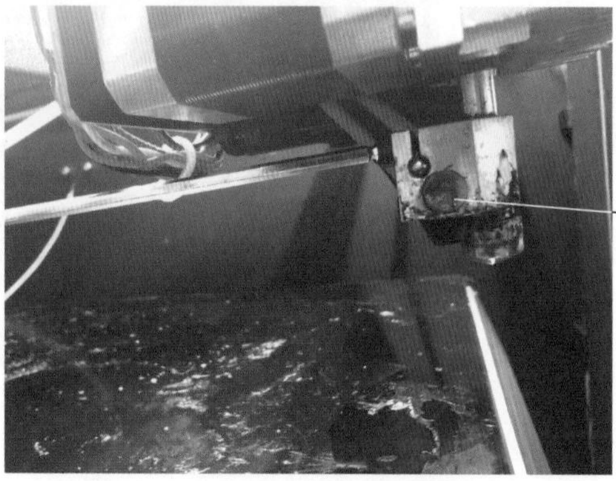
4	拆下加热棒，检查是否损坏，如损坏，则更换新的加热棒	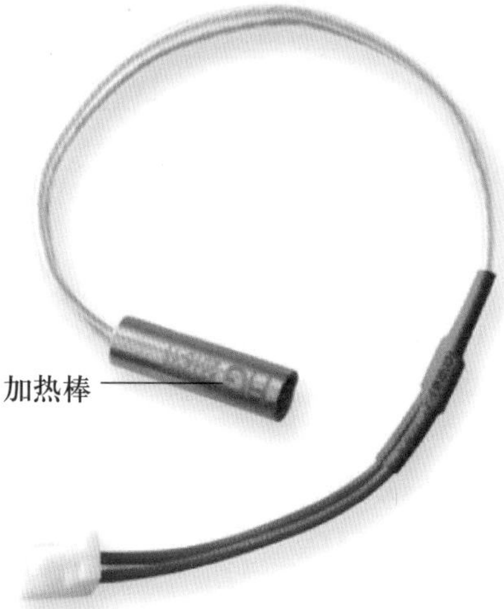

3. 设备风扇异常

3D打印过程中需要散热风扇为打印头散热，用冷却风扇快速冷却模型。散热风扇和冷却风扇装在打印头模块上，排除散热风扇和冷却风扇故障的操作步骤见表6–3。

表6–3　排除散热风扇和冷却风扇故障的操作步骤

步骤	操作内容	操作图示
1	检查散热风扇是否运行正常	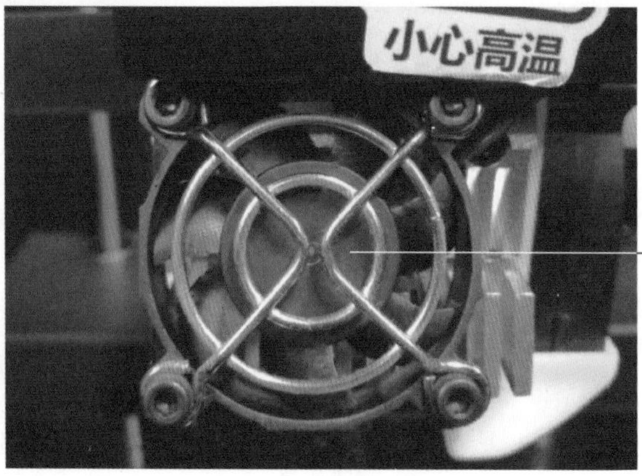

续表

步骤	操作内容	操作图示
2	用内六角扳手检查散热风扇的固定螺钉是否拧得太紧，太紧会撑坏风扇	内六角扳手 
3	使用内六角扳手拆掉电路板保护罩	电路板保护罩 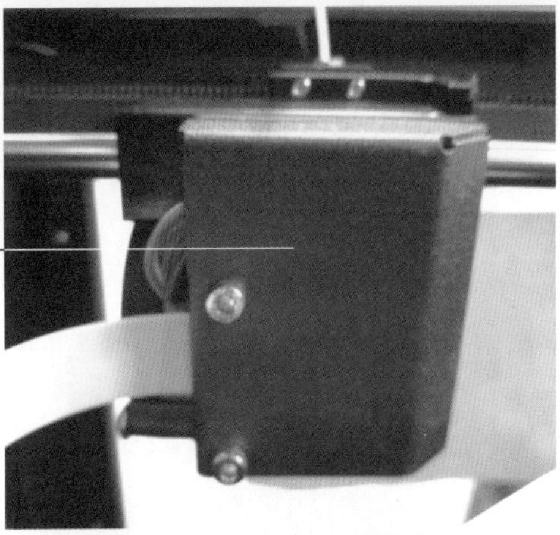
4	检查散热风扇插头是否安插正确，检查线路连接是否正常，如果不正常则更换新的散热风扇	散热风扇插头 
5	检查冷却风扇是否运行正常（冷却风扇只有在模型打印或加速时才工作）	冷却风扇 

续表

步骤	操作内容	操作图示
6	检查冷却风扇插头是否安插正确，检查线路连接是否正常，如果不正常则更换新的冷却风扇	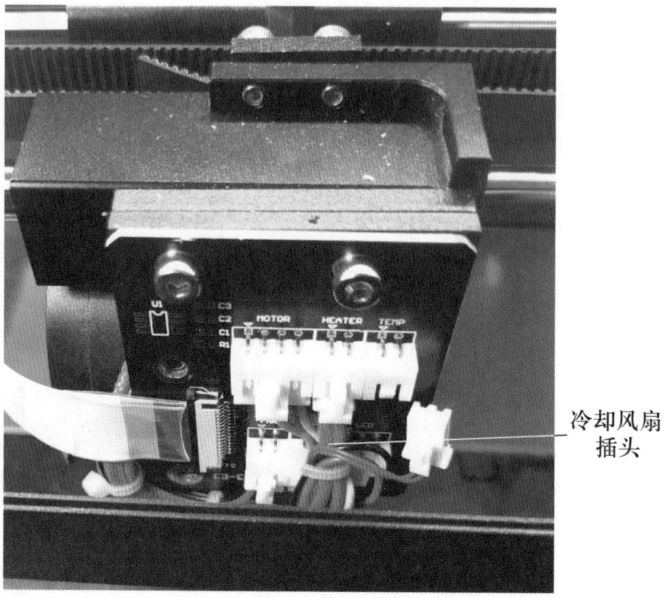

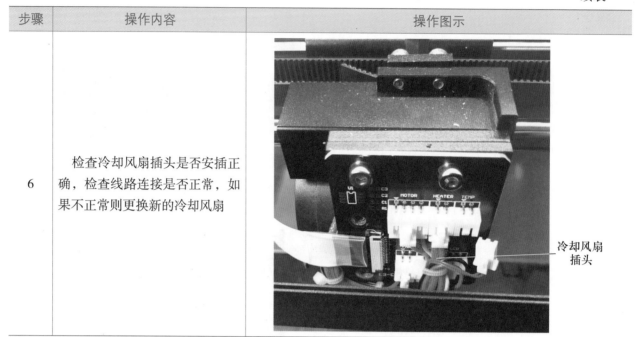

任务评价

请对本任务的完成过程按表6–4中的要求进行自我评价，并写出完成本任务后的收获与体会。

表6–4　任务评价表

序号	评价内容	自我评价
1	能排除测温异常故障	□完成　□未完成
2	能排除开机后升温异常故障	□完成　□未完成
3	能排除风扇异常故障	□完成　□未完成

完成本任务后，你有哪些收获与体会？

任务拓展

当3D打印机的温度出现异常时，除了本任务所分析的原因外，还有可能是哪些原因造成的？请查阅相关资料并整理记录。

任务2　更换特氟龙管

任务目标

1. 知道特氟龙管的作用。

2. 能正确更换特氟龙管。

3. 养成规范操作、爱护3D打印设备的良好习惯。

任务描述

通过完成本任务，知道特氟龙管的类型及性能。它在高温环境中长时间工作会变软、变形，阻碍材料运动，因此要学会更换特氟龙管。

任务准备

特氟龙管是由聚四氟乙烯（PTFE，俗称铁氟龙、塑料王）材料（图6–5）挤压烧结后，经干燥、高温烧结、定型等工序制成的特种管材，广泛应用于机械、电子电器、汽车、航天、化工、军事、通信等领域。3D打印机中的特氟龙管安装在喉管内部，如图6–6所示，它耐高温，同时也有很好的防黏性，可以避免融化的材料黏在喉管内，保证喷嘴不被堵塞。

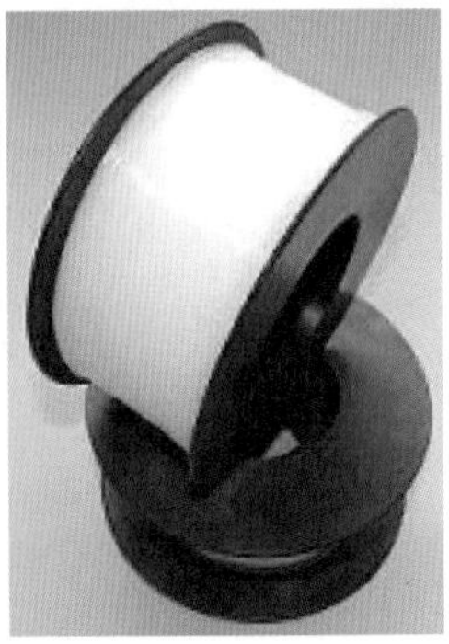

■ 图6–5　聚四氟乙烯材料

■ 图6–6　装在喉管内的特氟龙管

1. 特氟龙管的类型

特氟龙管有很多种类型，常见的有以下几种。

（1）不锈钢丝编织平滑特氟龙管，如图6–7所示。

内径范围：3.2~25.4 mm。

结构：内管为完全平滑的PTFE软管，外覆不锈钢丝编织增强层。

温度范围：–70~+260 ℃。

应用场合：输送强腐蚀性化学品、热空气、热油、蒸汽等。

（2）不锈钢丝编织波纹特氟龙管，如图6–8所示。

内径范围：9.5~50.8 mm。

结构：内管为波纹状的PTFE软管，外覆不锈钢丝编织增强层。

温度范围：–70~+260 ℃。

应用场合：输送强腐蚀性化学品、热空气、热油、蒸汽等。

■ 图6–7 不锈钢丝编织平滑特氟龙管

■ 图6–8 不锈钢丝编织波纹特氟龙管

（3）硅胶包覆不锈钢丝编织波纹特氟龙管，如图6–9所示。

内径范围：9.5~50.8 mm。

结构：内管为波纹状的PTFE软管，外覆不锈钢丝编织增强层和透明硅胶层。

温度范围：–60~+200 ℃。

应用场合：输送强腐蚀性化学品、热空气、热油、蒸汽等。不宜用于蒸汽冷水循环。

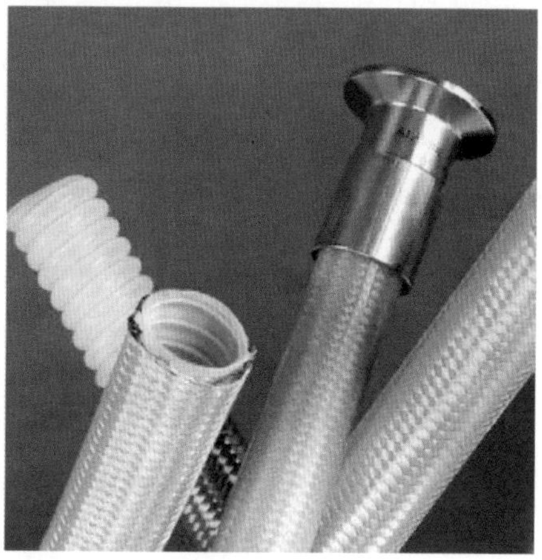

■ 图6–9 硅胶包覆不锈钢丝编织波纹特氟龙管

2. 特氟龙管的性能

（1）化学稳定性好，能承受所有的强酸、强碱、强氧化剂、还原剂和各种有机溶剂的作用，非常适合输送高纯度化学品。

（2）摩擦系数小，摩擦系数仅为0.04，是一种非常优异的自润滑材料，且摩擦系数不随温度的变化而变化。

（3）抗黏性优良，管内壁不易黏附胶体及化学品。

（4）耐老化性好，可长期在室外使用。

（5）绝缘性好，具有良好的介电性，介电常数为2.0左右，在所有绝缘材料中是最小的。

（6）部分管透明度高，易观察内部流体状况。

任务实施

更换喉管内的特氟龙管是在喷头加热的状态下进行的，操作时一定要小心烫伤。更换特氟龙管的操作步骤见表6–5。

表 6-5　更换特氟龙管的操作步骤

步骤	操作内容	操作图示
1	准备一个 M4 机用丝锥	
2	在配套工具箱里取出套筒扳手	
3	接通设备电源，将“喷头温度”设置为 200 ℃	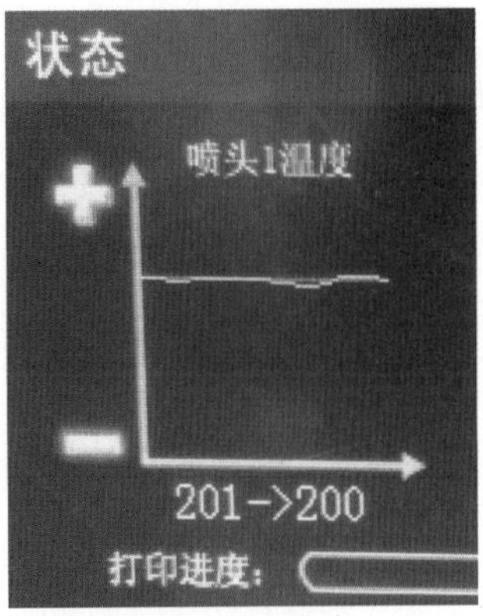
4	喷嘴内的残料融化后，用套筒扳手将喷嘴拧下	
5	顺时针将丝锥旋入特氟龙管内	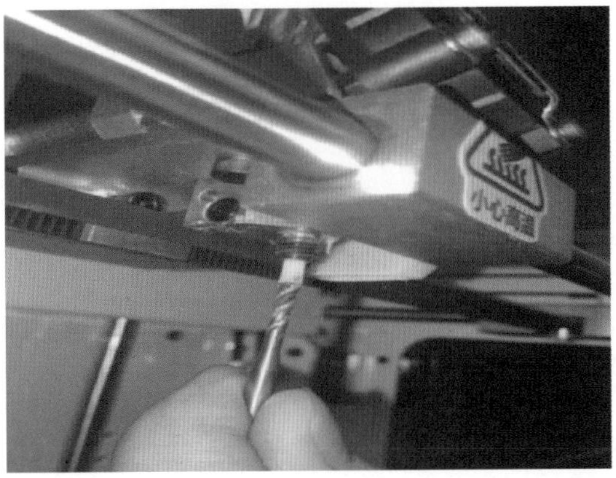

步骤	操作内容	操作图示
6	向下将特氟龙管从喉管内拔出	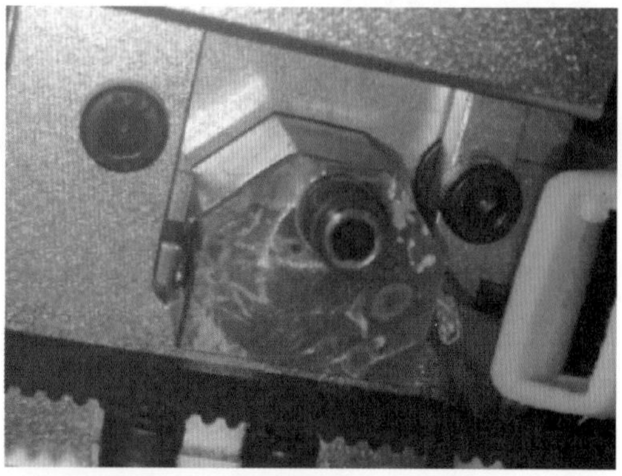
7	将新的特氟龙管插入喉管内，直到不能插入为止	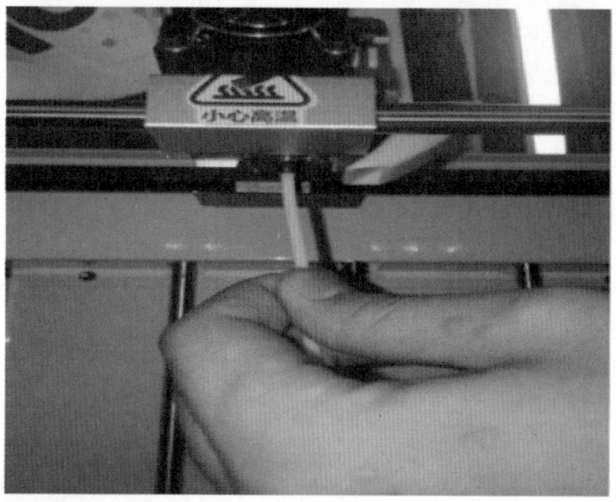
8	用刀片将特氟龙管沿喉管口切断	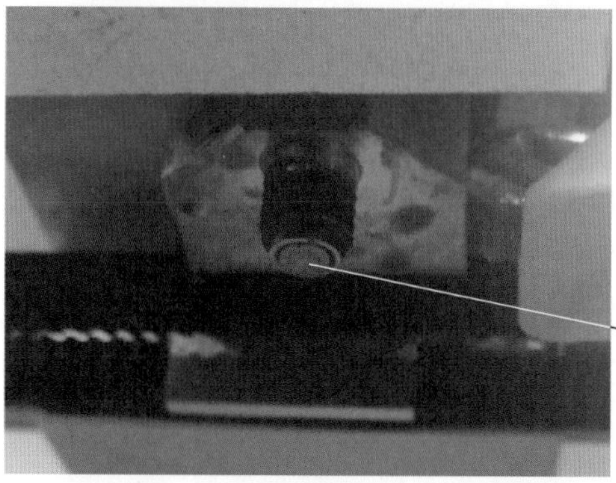
9	用套筒扳手将喷嘴装上	

任务评价

请对本任务的完成过程按表6-6中的要求进行自我评价，并写出完成本任务后的收获与体会。

表6-6 任务评价表

序号	评价内容	自我评价
1	知道特氟龙管的作用	□完成 □未完成
2	能正确更换特氟龙管	□完成 □未完成
完成本任务后，你有哪些收获与体会？		

任务拓展

请查阅相关资料，进一步完善特氟龙管的相关知识，制作一张简易的特氟龙管信息查询表。

任务3 排除模型错位故障

任务目标

1. 知道模型错位的原因。
2. 能排除模型错位故障。
3. 养成规范操作、爱护3D打印设备的良好习惯。

任务描述

通过完成本任务，知道造成模型错位的原因及排除模型错位故障的方法。

任务准备

在3D打印过程中，模型出现左右或前后错位（错层）的原因和常见的解决方法如下。

1. 喷头移动速度过快

打印模型时，为了节省时间，将打印速度调得很快，超出了电动机承受范围，就会出现打印层错位的情况。此时可以在切片设置中将打印速度设置为40~60 mm/s。

2. 同步带异常

同步带过松，摩擦力不够，同步带会在同步带轮上打滑；同步带过紧，摩擦力太大，阻碍打印头运动。在这两种情况下，喷头都有可能无法达到预期位置，导致打印层错位。解决方法一般是张紧或更换同步带。

3. 模型切片出现问题

3D打印机的喷嘴直径为0.3~0.5 mm，若层高设定值大于喷嘴直径，则会使材料在叠加过程中出现缝隙，因此层高一定要比喷嘴的直径小，一般至少要小20%。若错层出现在同一个位置，不管换什么料都一样，则需要重新切片或者换不同的切片软件切片。

4. 模型不平整

若模型在开始打印的几层表面有凸起，则这种凸起会在之后的打印中不断累积，最后阻挡喷嘴移动，从而造成电动机失步，产生错位。解决方法是观察模型表面是否有明显凸起，打印头经过时是否会撞到凸起的部分。如果确实有凸起，就要分析凸起的原因，是打印平台有杂物还是模型发生了翘边，然后采取相应解决措施。

5. 料盘或料轴被卡住

输料过程中，如果材料打结，则会导致材料不能顺畅地进入挤出机，同时对打印头的运动产生阻碍，使其无法按照原定路线运动，模型剩余部分的打印路径就会整体偏移，最终产生错层。解决办法是检查料盘是否有线材缠住的问题，如果发现线材缠住，则应将打结处解开，或直接更换材料，采用更好的办法让料盘平稳。

6. 打印头在X轴或Y轴方向运动阻力大

打印头运动阻力大可能是因为X轴或Y轴光杠太脏导致电动机失步，产生错位，此时应该观察错位方向，沿相应方向手动移动打印头，若有阻力，则说明该方向的光杠太脏，需用酒精、无纺布等清理光杠。

任务实施

3D打印模型发生左右或前后错位的原因很多，这里仅介绍因为X轴或Y轴光杠太脏导致电动机失步，或电动机同步带顶丝松动引起的模型错位故障的排除步骤，见表6–7。

表6–7　排除故障的操作步骤

步骤	操作内容	操作图示
1	判断模型错位的类别：左右错位、前后错位、同时错位	

步骤	操作内容	操作图示
2	如果是左右错位，则查看X轴光杠上是否有污渍，如果有，则用无纺布擦拭干净并上油	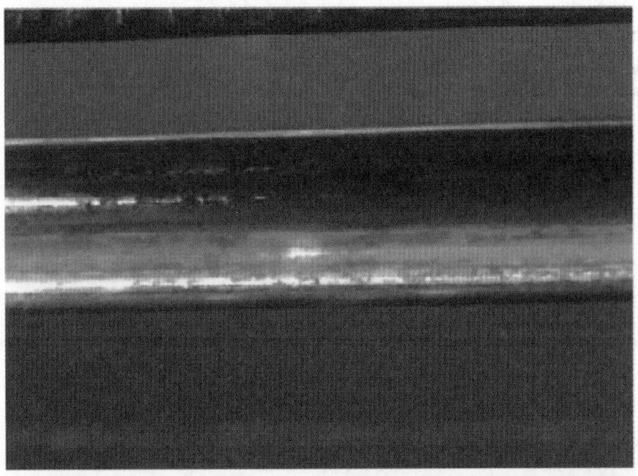
3	如果光杠上无污渍，则检查X轴电动机同步带顶丝是否松动，如松动，则用内六角扳手拧紧	
4	如果是前后错位，则查看Y轴光杠上是否有污渍，如果有，则用无纺布擦拭干净并上油	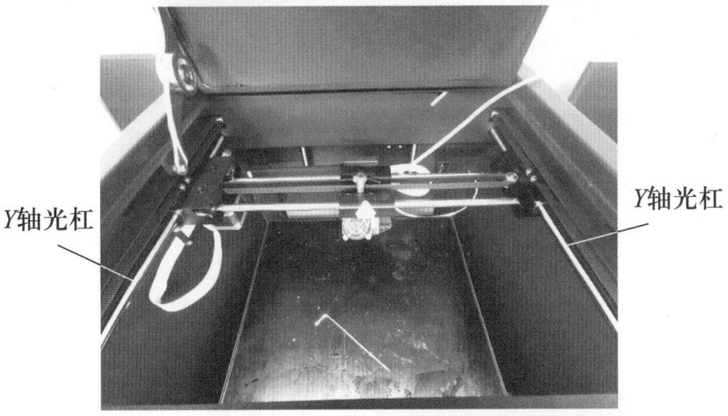
5	如果光杠上无污渍，则检查Y轴电动机同步带顶丝是否松动，如松动，则用内六角扳手拧紧	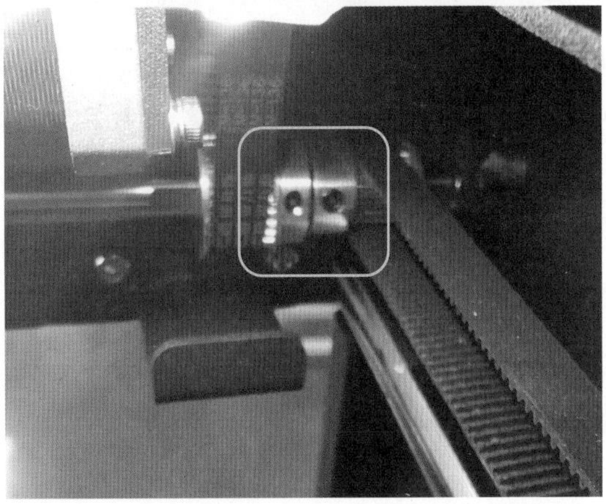

任务评价

请对本任务的完成过程按表6–8中的要求进行自我评价，并写出完成本任务后的收获与体会。

表6–8　任务评价表

序号	评价内容	自我评价
1	知道模型错位的原因	□完成　□未完成
2	能排除模型错位故障	□完成　□未完成

完成本任务后，你有哪些收获与体会？

任务拓展

模型错位的原因很多，除了本任务中列举的原因外，还有打印过程中底板松动、Z轴丝杠松动或电动机紧固件松动等。查阅相关资料，进一步完善模型错位的原因和解决办法。

任务4　排除上料故障

任务目标

1. 会排除打印前设备无法上料的故障。
2. 会排除断料检测装置的故障。
3. 养成规范操作、爱护3D打印设备的良好习惯。

任务描述

通过完成本任务，知道打印前设备无法上料的现象、原因和排除此故障的方法，以及断料的原因和排除断料检测装置故障的方法。

任务准备

1. 打印前设备无法上料的现象及原因

上料是3D打印开始前必须做的准备工作，有时会由于导料管、电动机、耗材等原因造成上料故障。打印前设备无法上料的现象及原因见表6–9。

表 6-9　打印前设备无法上料的现象及原因

序号	现象	原因
1	耗材无法穿过	导料管变形或掉出
2	新料无法通过	导料管中有断料
3	将耗材送至送料电动机，按一键进料后，设备不出料；手动进料时设备可出料，但打印时耗材不会向下挤出	送料电动机线路插头松动
4	耗材无法进入导料管	耗材变形

2. 断料的原因

在3D打印过程中，喷嘴喷出的丝材在打印平台上一层层叠加成形，若出现断料，则无法正常打印。导致打印过程中发生断料的原因如下：

（1）打印耗材质量问题

3D打印机需要把耗材加热熔化后，再从喷嘴喷出丝材黏结在打印平台上。不同材料的耐温强度不一样，而不同3D打印机喷嘴的加热温度也不同，因此要根据设备性能选择合适的打印耗材。如果使用的材料质量不好，就会出现断料的情况。

（2）喷嘴堵塞或质量不合格

3D打印机喷嘴出现堵塞，就无法正常出料。喷嘴质量不合格也会造成无法出料。

（3）温度过高

3D打印机打印时间较长，温度就会升高，如果没有配备良好的散热装置，就很容易因为过热发生断料现象。

任务实施

1. 打印前设备无法上料故障的排除（表6-10）

表 6-10　打印前设备无法上料故障的排除

序号	故障现象	排除方法	图示
1	导料管发生变形或掉出，耗材无法穿过	（1）拔出变形的导料管，更换新的导料管。 （2）将掉出的导料管重新安装至导料口	

序号	故障现象	排除方法	图示
2	导料管中有残余断料，阻碍新料通过	清除导料管中的残余断料	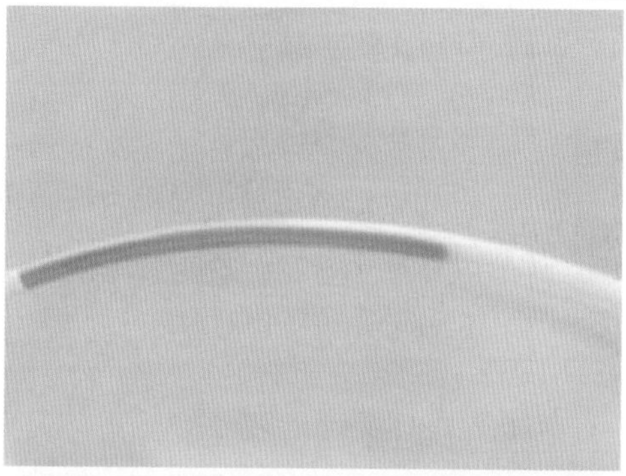
3	将耗材送至送料电动机，按一键进料后，设备不出料；手动进料时设备可出料，但打印时耗材不会向下挤出	拆卸并查看打印头背板的送料电动机线路插头是否松动，如松动，则重新插紧	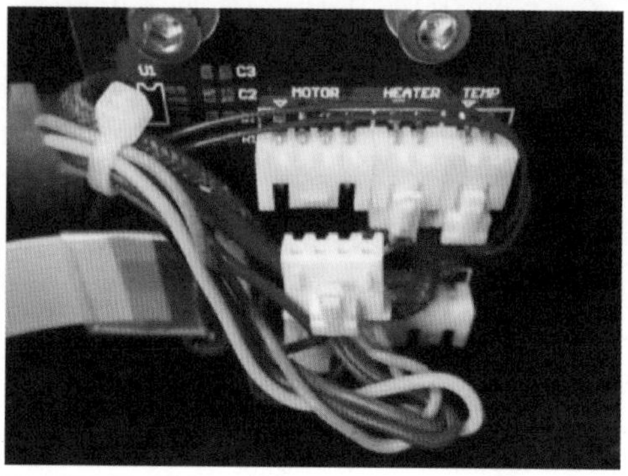
4	耗材变形导致其无法进入导料管	先将变形的部分剪掉，再将耗材捋直，重新插入导料管	

2. 断料检测装置排故

弘瑞E3型3D打印机的上料线路中安装了断料检测装置，当打印过程中缺料或断料时，设备就会停止工作。如果检测装置发生故障，打印机就无法正常工作，需要对断料检测装置进行排故，操作步骤见表6–11。

表6–11 操 作 步 骤

步骤	操作内容	操作图示
1	打开机器舱门，用7 mm套筒扳手（或开口扳手）拧下后盖板螺母，打开后盖板	

续表

步骤	操作内容	操作图示
2	找到断料检测器	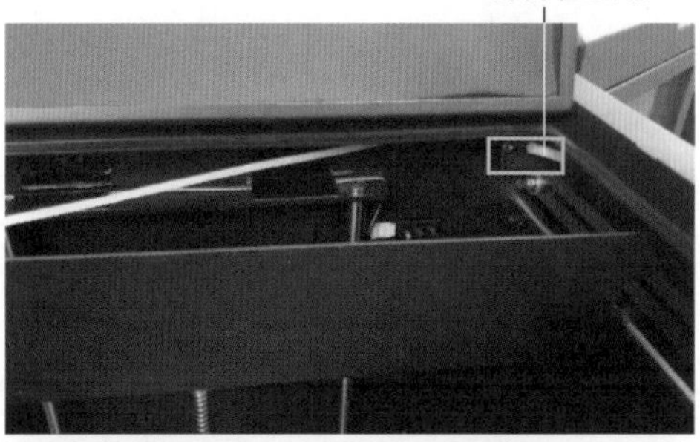
3	用尖嘴钳拆掉送料管	
4	将白色塑料管拔出，用内六角扳手把送料管螺钉拧下	
5	拧下断料检测器左端的送料管气嘴，记录断料检测器安装方向，尖头指向设备内侧	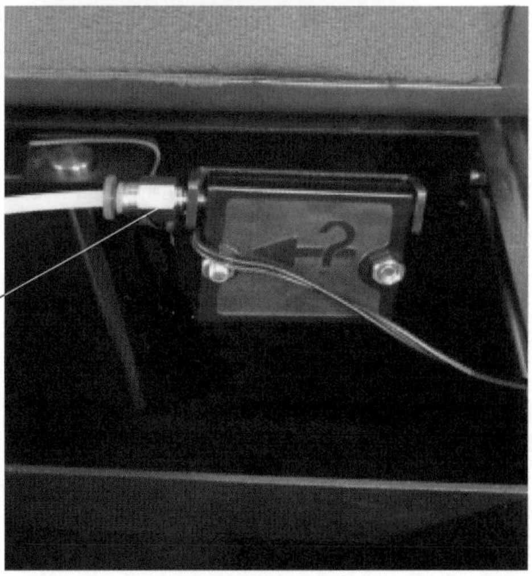

续表

步骤	操作内容	操作图示
6	用内六角扳手拧下断料检测器上的螺钉	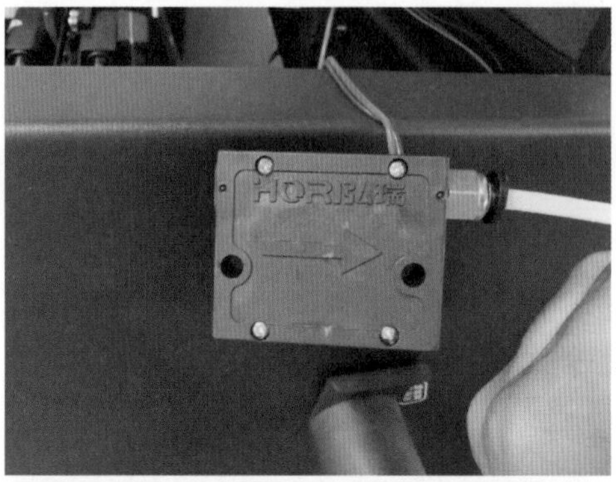
7	拆开断料检测器盖子，用一段耗材穿过断料检测器，观察限位行程开关是否正常工作，如限位行程开关不工作，则可以把触头稍向上掰，若还存在问题，则更换限位行程开关	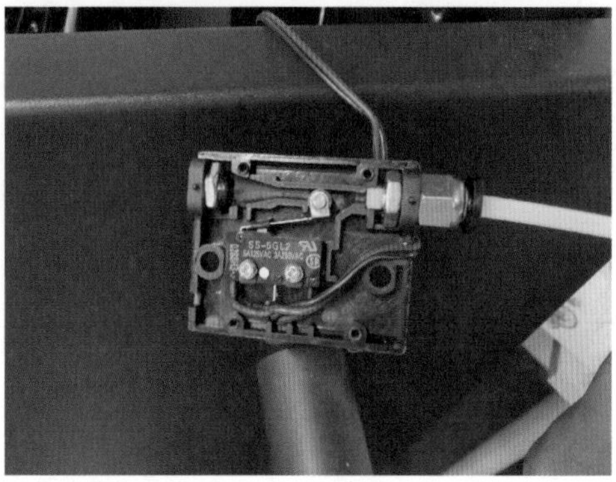

任务评价

请对本任务的完成过程按表6-12中的要求进行自我评价，并写出完成本任务后的收获与体会。

表6-12　任务评价表

序号	评价内容	自我评价
1	知道打印前设备无法上料的原因	□完成　□未完成
2	会排除打印前设备无法上料的故障	□完成　□未完成
3	知道打印过程中发生断料的原因	□完成　□未完成
4	会排除断料检测装置的故障	□完成　□未完成
完成本任务后，你有哪些收获与体会？		

任务拓展

查阅相关资料，收集3D打印机断料检测的其他方法。

项目小结

本项目完成了“排除温度异常故障”“更换特氟龙管”“排除模型错位故障”及“排除上料故障”四个任务。

在“排除温度异常故障”任务中，通过学习排除测温异常故障、排除开机后升温异常故障、排除风扇异常故障等，初步掌握了常见温度异常故障的原因和排除方法。

在“更换特氟龙管”任务中，通过学习知道特氟龙管的种类、作用及更换方法。

在“排除模型错位故障”任务中，通过学习知道模型错位的原因及模型错位故障的排除方法。

在“排除上料故障”任务中，通过学习知道打印前设备无法上料的原因、打印中发生断料的原因及这些故障的排除方法。

思考与练习

1. 什么是热敏电阻？它有哪些特性?
2. 特氟龙管有哪些特点？它有哪些不足之处?
3. 3D打印过程中发生模型错位的常见原因有哪些?
4. 3D打印过程中发生断料的原因有哪些?

附录 1　3D 打印常用术语的中英文对照

3D 打印技术

fused deposition modeling（FDM）	熔丝沉积成形
direct metal laser sintering（DMLS）	直接金属激光烧结
electron-beam machining（EBM）	电子束加工
selective laser sintering（SLS）	激光选区烧结
selective laser melting（SLM）	激光选区熔化
selective heat sintering	选择性热烧结
stereolithography apparatus（SLA）	陶瓷膏体光固化成形
digital light projection（DLP）	数字光投影技术
polyjet	聚合物喷射技术
multijet printing	多喷头打印技术
continuous liquid interface pulling（CLIP）	连续液相界面固化技术
two-photon polymerization	双光子聚合
three dimensional printing and gluing	三维印刷成形
binder jetting	黏结成形
colorjet printing	全彩喷射打印成形
nano particle jetting	纳米颗粒喷射金属成形（以色列 XJet 专利）
laminated object manufacturing（LOM）	分层实体制造
laser engineered net shaping（LENS）	激光近净成形
multi jet fusion	多射流熔融（惠普 HP 专利）
plaster-based 3D printing	石膏成形
laser cladding forming	激光熔覆成形

3D 打印材料

acrylonitrile butadiene styrene copolymer（ABS copolymer）	丙烯腈－丁二烯－苯乙烯共聚物
acrylic acid	丙烯酸
acrylic resin	丙烯酸[酯]树脂
bio materials	生物材料

续表

bronze	青铜
carbon fiber	碳纤维
carbon nanotube	碳纳米管
ceramic	陶瓷
clay	黏土
cobalt-chromium	钴铬
composite	复合材料
epoxy resin	环氧树脂
graphene	石墨烯
medical materials	医用材料
palladium	钯
photopolymer	感光聚合物
poly（lactic acid）(PLA)	聚乳酸
polyamide (PA)	聚酰胺（俗称尼龙）
polycarbonate (PC)	聚碳酸酯
PC-ABS	聚碳酸酯和ABS复合材料
polypropylene (PP)	聚丙烯
polyphenylene sulfide（PPS）	聚苯硫醚
polystyrene (PS)	聚苯乙烯
high impact polystyrene（HIPS）	高抗冲聚苯乙烯
polyvinylacetal（PVA）	聚乙烯醇缩乙醛
thermoplastic polyurethane (TPU)	热塑性聚氨酯
thermoplastic elastomer	热塑性弹性体

附录 2　常见故障及排除方法

序号	故障描述	可能原因	排除方法
1	挤出机挤不出耗材	打印前挤出机没有装填耗材	（1）让挤出机充满耗材。 （2）手动控制挤出耗材
		喷嘴离打印平台太近	调整Z轴坐标原点
		线材在挤出齿轮上打滑	（1）提高挤出机温度。 （2）降低打印速度
		挤出机堵塞	拆开挤出机，用细丝等插入喷嘴解决堵塞的问题
2	耗材无法到达打印平台	打印平台倾斜	调整打印平台水平位置
		喷嘴距打印平台太远	修改Z轴偏移参数，调整喷嘴位置
		第一层打印速度太快	降低第一层打印速度
		打印平台温度太低	（1）调整打印平台温度。 （2）降低风扇速度
		打印平台与耗材黏合不好	（1）选择与打印耗材黏合度好的打印平台。 （2）在普通打印平台上涂胶水或贴胶带等
		打印件与打印平台接触面积过小	用溢边或底座增加打印件与打印平台接触面积
3	出料不足	耗材直径不正确	使切片软件设置值与耗材直径一致
		挤出倍率设置不正确	增大切片软件中的挤出倍率
4	出料偏多	挤出倍率设置不正确	减小切片软件中的挤出倍率
5	顶层出现孔洞或缝隙	顶部实心层数不足	增加顶部实心层填充数量
		填充率过低	增加填充率
6	拉丝或垂料	回抽距离设置太小	增加回抽距离
		回抽速度不合理	调整回抽速度
		挤出机温度不合理	调整挤出机温度
		悬空移动距离太长	调整移动路径

续表

序号	故障描述	可能原因	排除方法
7	过热	散热不足	增加风扇的风力
		打印温度太高	降低打印温度
		打印速度太快	降低打印速度
8	模型错位	喷头移动太快	降低打印速度
		同步带张紧度不合理	调整同步带张紧情况
		电流不足、电动机驱动板过热等	增加电流，改善散热情况
9	层开裂或断开	层高太高	使层高小于喷嘴直径
		打印温度太低	提高打印温度
10	刨料	挤出机温度过低	提高挤出机温度
		打印速度太快	降低打印速度
		喷嘴堵塞	清理喷嘴
11	喷嘴堵塞		手动推送线材进入挤出机
			重新安装线材
			清理喷嘴
12	打印中途挤出停止	耗材用尽	安装新耗材
		线材与驱动齿轮打滑	见“刨料”故障排除方法
		挤出机堵塞	见“喷嘴堵塞”故障排除方法
		挤出机电动机驱动过热	关闭打印机或增加额外冷却风扇
13	打印件强度不够	填充不牢	更换填充纹理
			降低打印速度
			增大填充挤出丝宽度
14	模型难以从打印平台上取下	打印机空间温度过高	待打印机空间冷却后再取下模型
15	没有背光或液晶屏无法显示	电源故障	更换电源
16	电路散发焦味	短路或其他电路故障	切断电源和USB连线，检查低压电路，更换损坏的电路元件
17	轴运动时出现无法解释的噪声	框架结构松动	检查框架结构并按需拧紧
18	温度达不到要求	加热棒故障或其连线松动	（1）检查加热棒的引线和延长线之间的压接套是否存在接触不良，如存在，则进行调整。 （2）更换加热棒

续表

序号	故障描述	可能原因	排除方法
19	突然中断打印	用USB连线连接计算机时，计算机出现故障	先排除计算机故障，然后检查USB连线是否正常
		SD卡或文件受损	检查SD卡或文件
		电路过热	检查电压是否正常、电路冷却风扇工作是否正常
20	接通电源后，3D打印机没反应	连线松动	重新连线
		电源插口损坏	更换电源插口
		电源损坏	更换电源
		主板损坏	更换主板
21	步进电动机抖动，工作异常	步进电动机线序接错	调整步进电动机线序
22	步进电动机停止工作	步进电动机驱动器出现故障	更换步进电动机
		电源故障	更换电源
		接线断裂	更换接线
		熔丝熔断	更换熔丝
23	步进电动机过热	步进电动机驱动器提供的电压不正常	测量驱动器输出的电压并进行相应调整

参 考 文 献

[1] 查尔斯·贝尔（Charles Bell）. 3D打印实用手册：组装·使用·排错·维护·常见问题解答[M]. 糜修尘，译. 北京：人民邮电出版社，2018.

[2] 沈冰，施侃乐，李冰心，等. 3D打印一起学[M]. 上海：上海交通大学出版社，2017.

[3] 刘利钊. 3D打印组装维护与设计应用[M]. 北京：新华出版社，2016.

[4] 王晓燕，朱琳. 3D打印与工业制造[M]. 北京：机械工业出版社，2019.

[5] 徐光柱，杨继全，何鹏. 3D打印硬件构成与调试[M]. 南京：南京师范大学出版社，2018.

[6] 姚俊峰，张俊，阙锦龙，等. 3D打印理论与应用[M]. 北京：科学出版社，2017.

[7] 郎为民，徐延军. 一本书读懂3D打印[M]. 北京：人民邮电出版社，2017.

[8] 宋彬，及晓阳，任瑞，李雨. 3D打印技术在汽车工业发展中的应用[J]. 金属加工（热加工），2018（02）：22-24.

[9] 蒲以松，王宝奇，张连贵. 金属3D打印技术的研究[J]. 表面技术，2018，47（03）：78-84.

反盗版举报电话 （010）58581999　58582371

反盗版举报邮箱 dd@hep.com.cn

通信地址 北京市西城区德外大街 4 号
高等教育出版社法律事务部

邮政编码 100120

读者意见反馈

为收集对教材的意见建议，进一步完善教材编写并做好服务工作，读者可将对本教材的意见建议通过如下渠道反馈至我社。

咨询电话 400-810-0598

反馈邮箱 zz_dzyj@pub.hep.cn

通信地址 北京市朝阳区惠新东街 4 号富盛大厦 1 座
高等教育出版社总编辑办公室

邮政编码 100029